"创意与思维创新"
视觉传达设计专业新形态精品系列

Photoshop UI 设计
实战案例教程

移动端＋Web 端｜全彩微课版

张鼎◎编著

人民邮电出版社
北 京

图书在版编目（CIP）数据

Photoshop UI 设计实战案例教程：移动端+Web 端：全彩微课版 / 张鼎编著. -- 北京：人民邮电出版社，2024. 11. --（"创意与思维创新"视觉传达设计专业新形态精品系列）. -- ISBN 978-7-115-64630-9

Ⅰ. TP311.1；TP391.413

中国国家版本馆 CIP 数据核字第 2024V5T616 号

内 容 提 要

本书是一本使用 Photoshop 进行 UI 设计的案例教程，包含移动 UI 设计和 Web UI 设计两方面。本书共 7 章，第 1 章讲解 Photoshop 基础操作，包括工作界面、矢量绘画工具、文字工具、图层及滤镜等内容；第 2～6 章分别讲解移动端 App 的 UI 设计、卡片设计、创意组件设计，以及 Web UI 的基本框架与创意设计、导航组件创意设计等相关知识与实操方法；第 7 章以一个综合商业网站欢迎页的制作为案例进行讲解，帮助读者了解完整的 UI 设计流程，巩固所学知识。

本书的内容由浅入深，从理论到实战，适合作为普通高等院校视觉传达设计、数字媒体艺术等专业相关课程的教材，也适合不同经验程度的设计师参考使用。

◆ 编　著　张　鼎
　　责任编辑　许金霞
　　责任印制　陈　犇
◆ 人民邮电出版社出版发行　　北京市丰台区成寿寺路 11 号
　　邮编　100164　　电子邮件　315@ptpress.com.cn
　　网址　https://www.ptpress.com.cn
　　北京博海升彩色印刷有限公司印刷
◆ 开本：787×1092　1/16
　　印张：14.5　　　　　　　　2024 年 11 月第 1 版
　　字数：428 千字　　　　　　2024 年 11 月北京第 1 次印刷

定价：79.80 元

读者服务热线：(010)81055256　印装质量热线：(010)81055316
反盗版热线：(010)81055315
广告经营许可证：京东市监广登字 20170147 号

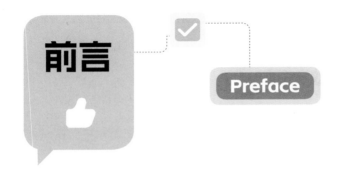

前言

Preface

随着互联网的高速发展，人工智能技术的推动，再加上全链路视觉营销理念的潜移默化与深度普及，越来越多的人重视用户界面（UI）设计。就待遇而言，UI设计师依然是整个设计行业的优质岗位。一个优秀的设计师不仅仅是熟练的软件和工具操作者，更是设计方法和设计思维的深度思考者。本书语言浅显易懂，配合大量精美的UI设计案例，讲解UI设计的相关知识和使用Photoshop进行UI设计的方法和技巧，帮助读者在掌握UI设计各方面知识的同时，在UI设计制作方面做到活学活用。

本书特色

本书精心设计了"学习要点+知识讲解+提示+实操解析+拓展训练"等教学环节，符合读者吸收知识的过程，能有效激发读者的学习兴趣，培养读者举一反三的能力。

学习要点：梳理每章重要知识点及读者应掌握的UI设计能力。

知识讲解：讲解Photoshop 2022软件功能、UI设计的基础知识，以及使用Photoshop 2022进行UI设计的方法和技巧等。

实例解析：结合每章知识点设计实操案例，解析案例的设计思路和实操方法，帮助读者理解与掌握所学知识。

拓展训练：结合本章内容，设置难度适中的练习题，提高读者的实战能力，培养读者的创意设计能力。

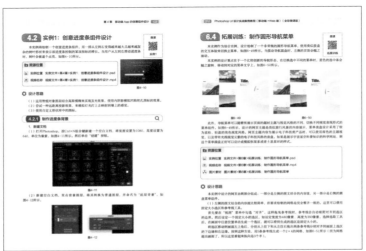

　　本书提供了丰富的教学资源，读者可登录人邮教育社区（www.ryjiaoyu.com），在本书页面中免费下载。

　　微课视频：本书所有案例配套微课视频，扫描书中二维码即可观看。

　　素材和效果文件：本书提供了所有案例需要的素材和效果文件，素材和效果文件均以案例名称命名。

素材文件

效果文件

　　教学辅助文件：本书提供PPT课件、教学大纲、拓展案例库、拓展素材资源等。

PPT课件

教学大纲

拓展案例库

拓展素材资源

编者

2024年10月

目录

Contents

微课视频清单

第2章	实例1	实例2	实例3	拓展训练
第3章	实例1	实例2	实例3	拓展训练
第4章	实例1	实例2	拓展训练	
第5章	实例1	实例2	拓展训练	
第6章	实例1	实例2	拓展训练	
第7章	综合案例			

第**1**章

Photoshop 基础操作

本章导读

　　本章主要学习Photoshop的工作界面和基础操作，适合接近零基础的读者入门。本章主要结合UI设计来讲解Photoshop的基础操作。

学习要点

❖　Photoshop工作界面与基础功能全览
❖　矢量绘画工具的基础操作
❖　文字工具的基础操作
❖　图层的基础操作
❖　滤镜的基础操作

1.1　Photoshop工作界面与基础功能全览

1.1.1　Photoshop工作界面

　　图1-1所示为安装完Photoshop之后打开看到的工作界面，其大致可分为五大区域。

图1-1

　　（1）菜单栏。最顶部的一行是菜单栏。

　　（2）工具属性栏。紧挨着顶部菜单栏即第二行是工具属性栏。比如，在选择绘制矩形的矩形工具之后，可以在此设置绘制的模式、填充的颜色、描边的粗细等参数。

　　（3）工具栏。左侧是工具栏，可从中选择各种工具并用于进行绘制图形、创建选区、移动对象等操作，或用于完成一个界面的设计。例如，使用"钢笔工具"绘制矢量图标，使用矩形选框工具创建一个矩形选区，使用文字工具创建文字等。

（4）画布。中间最大的区域是画布。创建的PSD工程文件，或者打开的图片都显示在画布区域。

（5）工具参数面板。右侧是各类其他的工具参数面板，如图层面板、历史记录面板、字符面板、段落面板、颜色面板等。

在菜单栏的"窗口"菜单下可以打开各类面板。这些面板首次打开时默认放在工作界面右侧，但是都可以自由拖曳，也可以堆叠在一块区域中，如图1-2所示。

图1-2

1.1.2　菜单栏

菜单栏共有11个菜单："文件""编辑""图像""图层""文字""选择""滤镜""3D""视图""窗口""帮助"。其中"帮助"菜单中主要是关于Photoshop的官方教程与帮助手册的内容，这里略过不做介绍。单击各个菜单展开后的效果如图1-3所示。

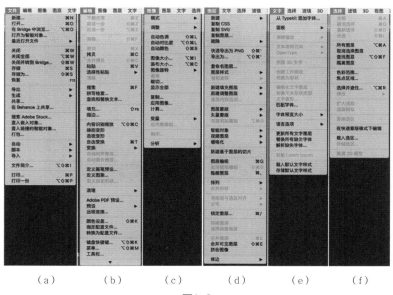

　（a）　　　　（b）　　　　（c）　　　　（d）　　　　（e）　　　　（f）

图1-3

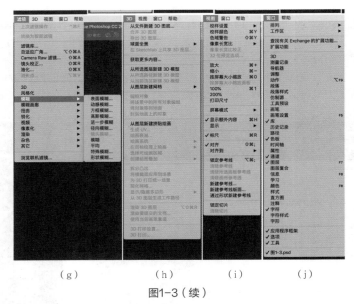

（g）　　　　　（h）　　　　　（i）　　　　　（j）

图1-3（续）

1."文件"菜单

"文件"菜单[见图1-3（a）]的功能和其他同类软件产品的同名菜单类似，主要用于进行Photoshop工程文件的创建、保存和导出等操作。

2."编辑"菜单

"编辑"菜单[见图1-3（b）]主要是针对图层元素对象的编辑操作，比较常用的是剪切、复制、粘贴，以及针对图层对象的操作（操控变形、自由变换）等操作。

3."图像"菜单

"图像"菜单[见图1-3（c）]通常是针对整个工程文件的调整编辑操作。例如，"模式"可以修改当前工程文件的颜色模式（RGB或者CMYK，8通道或16通道）。如图1-4所示，单击"灰度"后，整个工程文件的图像就会变成灰色。

（a）　　　　　　　　　　（b）

图1-4

其中，"图像大小""画布大小""图像旋转""裁剪"等操作都可以影响当前整个工程文件。例如，"图像大小"会改变画布连带图层的大小，"画布大小"仅改变工程文件的画布范围大小，而不改变画布内图像图层的大小，如图1-5（a）所示。"图像旋转"可以旋转整个工程文件的图像，"裁剪"则可以基于选区缩小画面，如图1-5（b）所示。

（a）　　　　　　　　　　　　　　　　　　（b）

图1-5

4．"图层"菜单

与"图像"菜单不同，"图层"菜单[见图1-3（d）]主要是针对图层对象的编辑操作，常用的有新建（包括新建调整图层）、图层编组、对齐、排列、合并、转换（智能对象图层）和图层蒙版等操作。图层是Photoshop中承载画面元素的重要基础单位。在Photoshop中绘制的任何对象都必须有图层作为承载，它就像现实中的画纸一样。

5．"文字"菜单

"文字"菜单[见图1-3（e）]顾名思义就是针对文字对象的操作。文字可以被看作一类特殊的矢量图层，如图1-6（a）所示。在图形界面设计中常用的针对文字对象的操作有将文字图层变形，将文字转换为矢量形状路径（转换后不能再编辑文字内容），将文字从单行转为段落文本（转换后可以通过拖曳更改段落的宽高，以便快速调整文本段落的排列），如图1-6（b）所示。

（a）　　　　　　　　　　　　　　　　　　（b）

图1-6

6．"选择"菜单

"选择"菜单[见图1-3（f）]主要用于对选区的操作，如全选整个画布范围（仅限当前选择图层）、扩大/缩小选区、羽化选区的边缘、反转选区等。"选区"是Photoshop中一个非常常见的概念。创建选区后，可以只对选区范围内的内容进行编辑，而不影响选区外的区域，如图1-7所示。注意，选区也可以存储并在取消选区后再次载入。

"选择"菜单还用于对图层的选择操作，如全选所有图层、查找图层（在图层面板上激活查找输入框）、隔离图层（图层面板上只显示隔离的图层），如图1-8所示。

图1-7

图1-8

7. "滤镜"菜单

"滤镜"是Photoshop中一个很强大的功能，可以为图片、文本或其他视觉元素添加千变万化的视觉效果。"滤镜"菜单[见图1-3（g）]下方最后一组内容就是Photoshop中内置的若干滤镜效果，如"3D""风格化""模糊""模糊画廊"等，每一组都可以展开二级菜单，如图1-9所示。其中，第4组菜单（如"滤镜库""自适应广角"等），是相对高级的滤镜操作，本书因篇幅所限，在此不做赘述。

然后举几个滤镜效果的例子。例如，为图片添加模糊效果[见图1-10（a）]，或者将图片处理成晶格化的效果[见图1-10（b）]，或者为图片添加一个镜头光晕效果[见图1-10（c）]，等等。

图1-9

（a）　　　　　　　　　　　（b）　　　　　　　　　（c）

图1-10

8. "3D"菜单

"3D"菜单[见图1-3（h）]包含了一些很神奇的功能，可以让原本只能处理图片的Photoshop具备一定的处理和绘制3D对象的能力。例如，选中一个文字图层，然后在"3D"菜单中单击"从所选图层新建3D模型"选项，使文字图层中的文字转换成一个立体的3D对象，并可以在x、y、z三个轴上移动、旋转和缩放，整个画布也被转换成一个带网格立体坐标系的3D工作区，如图1-11所示。

另外，也可以从其他的本地3D文件新建一个3D图层。其支持的3D文件格式如图1-12所示。例如，3D Studio文件是Autodesk 3ds Max软件的主要文件格式，是一种非常常用的3D模型文件格式，用于存储和传输3D对象、材质、动画和变形等数据；STL格式则是3D打印机适用的3D文件格式，AutoCAD、Rhino都可以将文件保存为STL格式。

图1-11

图1-12

9. "视图"菜单

"视图"菜单[见图1-3（i）]中的选项不会直接对绘画和设计产生影响，但是可以承担一些辅助工作。例如，设置像素的长宽比，显示或隐藏辅助绘画工具——标尺、参考线等；设置在绘画中自动对齐，如移动图层对象时可以选择是否对齐网格、对齐参考线等。设置不同的像素长宽比后的界面如图1-13所示。图中淡蓝色直线是参考线，界面顶部像直尺一样带有刻度的是标尺。在标尺区域内单击并拖曳鼠标可以拉出参考线，用于辅助排列对齐图标、文字等界面元素。以上这些都是界面设计中十分有用的工具。

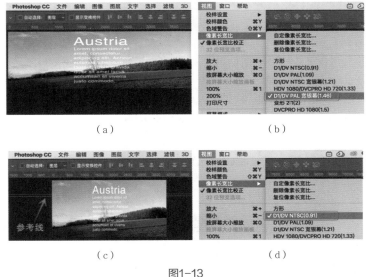

图1-13

10. "窗口"菜单

"窗口"菜单[见图1-3（j）]中包含了Photoshop中几乎所有的工具面板。在界面设计中较常用的面板有：文字相关的面板，用于设置文字的样式，如字符面板、段落面板等，如图1-14（a）所示；图层面板和历史记录面板，如图1-14（b）所示；绘画相关的面板，用于设置颜色（文字颜色、图层颜色等），如颜色和色板面板，如图1-14（c）所示；画笔面板，用于设置画笔粗细样式等，如图1-14（d）所示。

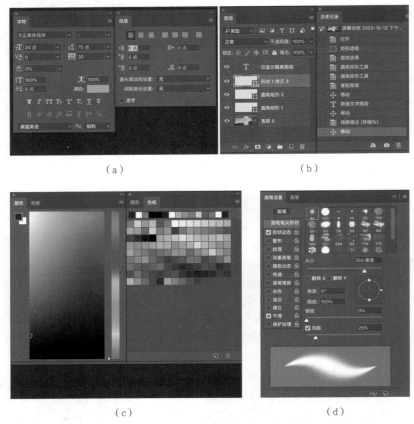

图1-14

"窗口"菜单中还包含了几种预设的工作区，并且可供用户按自己的需要自定义不同的工作区。工作区其实就是Photoshop中不同的窗口面板布局。按照不同的工作场景显示不同的窗口面板，图1-15（a）所示为"摄影"模式下的工作区布局，图1-15（b）所示为"图形和Web"模式下的工作区布局。

（a）

图1-15

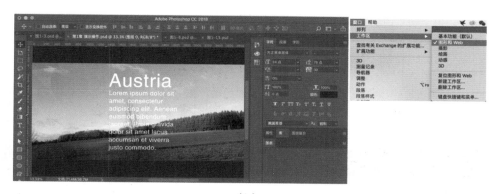

（b）

图1-15（续）

1.1.3　工具栏与工具属性栏

Photoshop工作界面左侧的一块狭窄的竖长条形面板就是工具栏，其中包含了Photoshop中用于绘制图形、设计界面的工具。选择不同的工具，顶部的工具属性栏就会显示对应工具的参数，如图1-16所示。

图1-16

界面设计中常用的工具如下。

1. 移动工具

移动工具用于移动图层。Photoshop中的所有元素，如文字、图片、矢量路径、编组等都在图层中，移动工具的功能就是移动这些元素。选择移动工具后，工具属性栏中的显示内容如图1-17所示。

图1-17

界面设计中比较常用的是对齐工具和散布均分工具，也就是将多个元素在水平或者垂直方向上平均等距离分布。只有选中以上两个图层时，对齐工具才会被激活；而只有选中至少三个图层时，散布均分工具才会被激活。

2．画板工具

画板工具可以用于设置画板的范围大小。通过拖曳鼠标的方式可以新建一个画板，也可以通过单击画板四周的图标新建一个画板。单击画板右侧的图标，会在原画板右侧新建一个与其大小完全相同的画板，如图1-18所示。

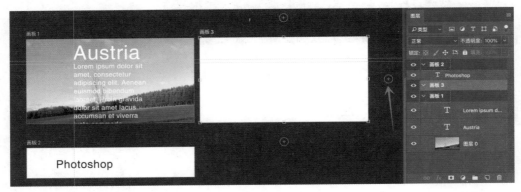

图1-18

Photoshop中的画板也可以按照现实中的画布或者画板来理解，一个PSD工程文件可以有多块画板，每块画板都可以独立组织多个图层。在界面设计中，每块画板都可以作为一个独立的界面进行设计。例如，在设计一个移动端应用的界面时，可以将首页、设置、搜索、账号等界面分别在不同的画板上设计，然后将这些画板放在一个PSD工程文件中，从而方便地管理一个项目设计的文件。

3．矩形选框工具

矩形选框工具可以在画板上绘制一个最大不超过画板大小，最小不小于1像素×1像素的矩形选区。选择矩形选框工具后，工具属性栏中的显示内容如图1-19所示。

（1）设置选区的模式图标，包含新建选区（原先的选区会消失）、选区相加、选区相减和选区相交。选区"羽化"值可以更改选区边缘的羽化程度。

（2）设置选区绘制样式，"正常"可以自由绘制任意长宽比例的矩形选框；"固定比例"可以将矩形选框的长宽比例固定；"固定大小"可以在右侧的文本框中输入像素值来创建固定大小的选区。

图1-19

4．套索工具

套索工具可以用于创建任意形状的选区，拖曳鼠标绘制任意形状，即可创建任意形状的选区。

套索工具有3种类型：常规的套索工具、多边形套索工具和磁性套索工具。用鼠标右键单击工具栏底部的更多工具按钮，可以展开侧边栏，从中选择更多其他工具。展开的其他工具中包含多边形套索工具和磁性套索工具，如图1-20所示。

在使用套索工具时，只需单击并拖曳鼠标即可创建任意形状的选区。创建的选区可以放大或缩小、羽化边缘、消除锯齿、调整宽度和对比度。

多边形套索工具适用于创建有一定规则的选区，如矩形、三角形等。用户可以单击并拖曳鼠标来绘制多边形区域。多边形套索工具需要并合才能生成选区，在未并合时可以使用"Ctrl++"组合键、"Ctrl+-"组合键、空格键、BackSpace键或Delete键进行操作。

磁性套索工具用于选择边缘比较清晰且与背景颜色相差比较大的图片的选区。在使用磁性套索工具时，边界会对齐图像中定义区域的边缘。磁性套索工具包括宽度、对比度和频率3个属性，这些属性可以用于调整检测边缘图像的灵敏度。

套索工具在界面设计中不是很常用，主要用于进行图片处理。

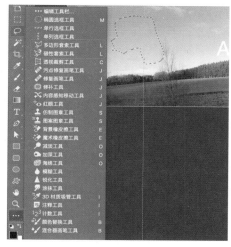

图1-20

5. 魔棒工具

魔棒工具 ![icon] 可以用于快速选择一定范围内的像素和颜色，并配合其他工具实现各种复杂的效果。在使用魔棒工具时，可以通过容差值来调整选区的范围大小。容差值越大，选区范围越大；容差值越小，选区范围越小。单击魔棒工具图标 ![icon] 会弹出一个小面板，该面板中包含了两种工具：魔棒工具和快速选择工具。这两种工具在界面设计中不常用，主要用于进行图片处理，故而在此不做介绍，感兴趣的读者可自行寻找相关资料学习。

6. 裁剪工具

裁剪工具 ![icon] 通过绘制任意长宽的矩形来裁剪画面。在工具属性栏中可以调整裁剪工具的相关设置，如更改裁剪框的比例，如图1-21所示。

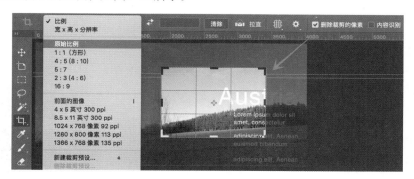

图1-21

创建裁剪框后，按Enter键即可使其功能生效，从而使画面中只剩下裁剪框范围内的内容。

用鼠标右键单击"裁剪工具"图标，弹出的小面板中包含切片等工具。切片工具用于将图像切割成多个小切片，以便进行优化和导出；切片选择工具则用于选择需要调整的切片，然后进行裁剪、移动、缩放等操作。

7. 吸管工具

吸管工具 ![icon] 用于拾取图像中某位置的颜色，通常拾取前景色后，用该颜色填充某选区，或者拾取颜色后，用绘图工具（画笔工具、铅笔工具等）来绘制图形。使用吸管工具时，可以先单击图像上的某个取样点拾取颜色，然后在拾取的颜色预览中查看该颜色。

此外，吸管工具还包含一些其他功能，如"显示取样环""显示标尺"等。用户可以在工具属性栏中选择相应选项来启用或禁用这些功能。

用鼠标右键单击"吸管工具"图标，弹出的小面板中包含了3种工具，除吸管工具外，还有颜色取样器工具和标尺工具。这里简单介绍颜色取样器工具和吸管工具在功能和使用方式上的不同。颜色取样器工具主要用于颜色取样，可以采集多个点的颜色信息进行显示，以便用户对比肉眼分辨不出的相似颜色。该工具无法直接取色到前景色区域进行填色，但可以配合吸管工具或其他填色工具使用。

8. 画笔工具

画笔工具 ✐ 是Photoshop在进行绘画类工作时最常用的工具。简而言之，绘画工具就是包含了各种不同大小、不同粗细、不同形状的笔刷工具。用户运用这些笔刷能绘制出千变万化的图形和图像，就像在现实世界中的画布上绘制图形一样。画笔工具可以创建各种形状和效果，如线条、画笔、铅笔、喷枪等。在画笔面板中可以选择各种类型的画笔，如硬笔、软笔、喷枪、毛刷等。同时，还可以调整所选画笔的颜色、不透明度、流量等参数。

除普通的画笔工具外，Photoshop还提供了许多其他辅助绘图的工具，如历史记录画笔、艺术历史记录画笔、橡皮擦、背景橡皮擦、魔术橡皮擦、模糊、锐化、涂抹、加深、减淡和海绵等。这些工具可以用于制作特殊的图形效果。在界面设计工作中，这些绘图工具并不是特别常用，因为界面设计基本都是绘制矢量图形的，所以较常用的是各类绘制矢量图形的工具，如圆角矩形工具、钢笔工具等。

用鼠标右键单击画笔工具图标，弹出的小面板中包含了两种常用工具：画笔工具和铅笔工具。它们的区别在于：画笔工具笔刷的边缘可以设置羽化，并模拟用毛笔写字的效果；同时它有流量控制，可以改变颜色的深浅，而铅笔工具则没有。铅笔工具绘制的图像边缘更粗糙，笔刷是硬角的，边缘很清楚，主要用于勾线和涂鸦。另外，铅笔工具比画笔工具多一个自动抹除功能，在画笔颜色重叠的地方会自动变成背景色。

9. 橡皮擦工具

橡皮擦工具 ✐ 用于擦除图像上不需要的部分，并露出下面的背景色。在工具属性栏中可以调整橡皮擦的属性，如硬度、大小和不透明度等。需要注意的是，橡皮擦工具只能作用于单个图层，且对矢量文字和矢量图形无效。

10. 渐变工具

渐变工具 ▢ 用于填充颜色、制作纹理和光影效果等。下面简单介绍其使用方法。

（1）打开需要编辑的图像，选中需要填充的图层。

（2）在工具栏中选择渐变工具后，在工具属性栏中可以设置不同的渐变方式：▢▢▢▢▢，如线性渐变、径向渐变、角度渐变等。在默认情况下，渐变工具是线性渐变。它会在需要填充的区域拉出一条直线，线的颜色会从前景色渐变到背景色。

（3）单击工具属性栏中的渐变色条 ▬▬▬，可以打开"渐变编辑器"窗口，如图1-22所示。在渐变色条上可以增加或减少颜色手柄，设置渐变色条的颜色样式。位于渐变色条上方的手柄用于设置颜色的不透明度，位于渐变色条下方的手柄用于设置颜色色值。

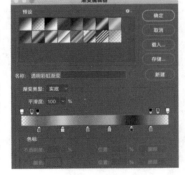

图1-22

渐变编辑器是Photoshop中的通用窗口，如果需要调整渐变的颜色，则调出的是同样的渐变编辑器界面。在界面设计中，渐变编辑器是一个非常常用的编辑器。我们在实例教程部分会详细介绍该编辑器。

（4）在需要填充的区域拖曳鼠标，该区域的渐变就创建完成了。

如果先创建了一个选区，则渐变工具拉出来的渐变色仅作用于选区范围内。需要注意的是，使用渐变工具必须先选中一个图层，且无法作用于矢量图形。

11. 文字工具

文字工具 Ⅰ 是界面设计中极为常用的一个工具，主要用于创建文字元素。单击文字工具图标，弹出的小面板中包含了两种常用文字工具：横排文字工具和竖排文字工具。单击文字工具后，可以在工具属性栏中调整文字的字体、字重、大小，段落对齐方式，字体的颜色等，如图1-23所示。

图1-23

12. 钢笔工具

钢笔工具用于创建和编辑矢量路径，比如绘制形状、路径和选区。

13. 选择工具

选择工具有两种，分别是路径选择工具和直接选择工具。两者都是用于选择矢量路径的工具。其中，路径选择工具只能选择整条路径，而不能选择路径上的单个锚点。也就是说，它可以使路径整体移动和变换，但不能调整路径的形状。直接选择工具则可以选择单个或多个锚点，并可以移动锚点和方向点，从而调整路径的形状。另外，路径选择工具的主要功能是删除锚点、增加锚点、转为选区、描边路径等。直接选择工具的主要功能是选择路径、路径段，锚点，移动锚点和方向点，从而调整路径。

预设形状的矢量绘图工具有：矩形工具、圆角矩形工具、椭圆工具，以及自定形状工具。这些矢量绘图工具可以用来绘制各种矢量图形，如正方形、长方形、圆角矩形、圆形等。

在选择自定形状工具时，单击工具属性栏中的"形状"选项，打开的下拉面板中有几十种预设的图形，如图1-24所示。

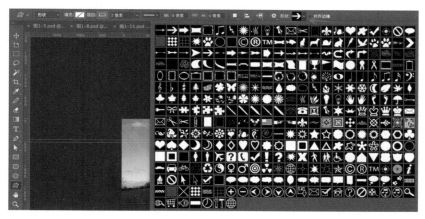

图1-24

14. 抓手工具

当图像不能在Photoshop文件窗口中全部显示时，可以用抓手工具滚动查看画布不同的区域。另外，按住空格键也可以快速切换到抓手工具，以便在其他工具状态下快速移动画布。

15. 缩放工具

缩放工具用于放大或缩小图像，以便更好地编辑和查看图像细节。

16. 前景色和背景色

在前景色和背景色的设置图标中，左上角的色块是前景色，右下角的色块是背景色。单击任一色块都会弹出"拾色器"窗口用于选择任意颜色。单击直角双箭头图标会使前景色和背景色的颜色互换。

1.1.4 画布

Photoshop中的画布是进行绘画创作、图像处理、界面设计的主要区域，如图1-25所示。

图1-25

图1-25中的数字1所指的是标尺，可以在标尺区域按住鼠标左键拖曳拉出参考线，用于辅助绘图，在顶部"视图"菜单中选择"标尺"选项，可以打开/关闭标尺的显示；数字2所指的是在画布区域可以切换当前打开的不同文件的选项卡。

1．显示图像

画布用来显示正在编辑的图像或PSD工程文件。在打开一个图像文件时，它会默认显示在画布中央，可以使用缩放工具和抓手工具来调整画布的大小和位置。

2．标尺和参考线

画布上可以显示标尺和参考线，标尺可以在画布的上方和左侧显示，可以用来测量图像的大小和距离。参考线可以在画布上创建，用于辅助进行对齐和布局。

3．文件切换栏

在画布顶部，标尺的上方是当前已在Photoshop中打开的文件（图片、PSD文件、视频文件等）切换栏，如图1-25中的箭头2所示。单击可以切换当前在画布中显示的文件。

4．状态栏

画布底部的状态栏用于显示当前图像的信息，如图像尺寸、缩放比例、颜色模式等，如图1-25中的箭头3所示。

1.1.5 图层面板和路径面板

图层面板和路径面板都是非常常用的面板。为了方便操作，通常将这两个面板叠加在一起切换着来使用，如图1-26所示。

图1-26

1．图层面板

（1）图层的显示和隐藏。每个图层都有一个眼睛图标，用户可以单击它来显示或隐藏该图层。此外，用户还可以按照图层类型在图层面板上显示或隐藏图层，如图1-27所示。单击图层面板顶部的一行图标中的某一个，可以控制面板只显示某一类型的图层。例如，图1-27（b）和图1-27（c）分别为只显示图像图层和只显示文字图层。

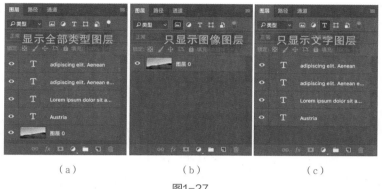

（a）　　　　　　　　　　（b）　　　　　　　　　　（c）

图1-27

（2）图层的顺序和叠加方式。图层面板中的图层是按照顺序堆叠在一起的，可以拖曳图层来改变它们的顺序。上面的图层会覆盖下面的图层。另外，用户还可以为每个图层选择不同的混合方式，如正常、叠加、滤色等。

（3）图层的锁定和透明度。在图层面板中可以锁定图层的不同属性，如位置、透明度、样式等。锁定功能可用于防止对图层进行的错误操作。此外，还可以调整图层的透明度，从而实现不同的图层混合效果。

（4）图层组和合并图层。图层组可以帮助我们更好地组织图层，并使图层面板更有秩序。选中多个图层并单击鼠标右键，选择弹出菜单中的"合并图层"选项可以将多个图层合并为一个图层。

（5）图层面板底部的一行按钮提供了一些与图层相关的功能和操作。它们从左到右分别是："链接图层""添加图层样式""添加图层蒙版""创建新的填充或调整图层""创建新组""创建新图层""删除图层"。

这里简要介绍"链接图层"功能。在一个复杂的工程文件中，"链接图层"是个比较实用的功能，它可以将多个图层链接在一起，以便它们可以同时移动、缩放和变换，而且不会破坏它们之间的相对位置和关系。

2. 路径面板

Photoshop中的路径面板用于创建、编辑和管理路径。路径是由直线段和曲线段组成的矢量图形，可以用来创建精确的选区、遮罩、形状和进行图像修复等操作。路径面板中路径的显示方式与图层类似，它显示了当前文档中的所有路径。用户可以选择其中一个路径来编辑，也可以创建一个新的路径，如图1-28所示。

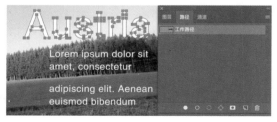

图1-28

路径面板底部的一行按钮从左到右分别是"用前景色填充路径""用画笔描边路径""将路径作为选区载入""从选区生成工作路径""添加图层蒙版""创建新路径""删除当前路径"。

使用路径面板可以创建各种类型的路径，如闭合路径、开放路径、曲线路径等。另外，还可以使用路径选择工具来选择、移动和调整路径的锚点和线段。

在Photoshop中，工作路径是一种临时路径，可以用来创建、编辑和管理矢量路径。工作路径是一条由直线段和曲线段组成的路径，可以用来创建精确的选区、遮罩、形状和进行图像修复等操作。

1.1.6 颜色和色板面板

Photoshop中的颜色面板用来选择和调整颜色，作为前景色或背景色，使用起来非常简单，在色盘上单击任意处选择颜色即可。

色板面板则相对复杂一些，是一个预设颜色的集合，也可用于快速选择和调整颜色。单击色板面板底部的第一个按钮█，可以创建自己的新色板，将常用的颜色添加到这个色板中，如图1-29所示。

使用内置的色板库，单击面板右上角的█按钮展开一个菜单，从中可以选择"载入色板"选项，如图1-30所示。

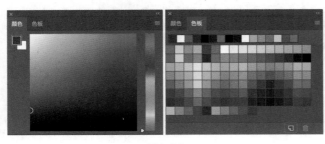

图1-29　　　　　　　　　　　　　　　　　　图1-30

1.1.7 文字字符相关面板

Photoshop中最重要且常用的两个与文字字符相关的面板是字符面板和段落面板，如图1-31所示。为了方便操作，字符面板和段落面板通常叠加在一起切换着来使用。

1. 字符面板

在界面设计中，字符面板是一个非常常用的工具，用于设置和调整文本的字体、大小、颜色、行距、字距、基线偏移等参数。其中，"基线偏移"是指文本字符与"基线"的距离。

2. 段落面板

段落面板允许用户对文本的对齐方式、行距、缩进等进行调整。段落面板中有以下4个常用选项。

图1-31

（1）对齐方式：用于选择文本的对齐方式，如左对齐、右对齐、居中对齐等。

（2）行距：用于调整文本行之间的距离。可以选择默认的行距值，或者手动调整行距。

（3）缩进：用于设置文本的缩进，如首行缩进、悬挂缩进等。

（4）列数：用于将文本分为多列，并设置列之间的距离和宽度。

1.1.8 历史记录面板

Photoshop中的历史记录面板记录了在编辑图像时进行的各种操作步骤。通过历史记录面板，用户可以查看和跟踪自己在图像编辑过程中所做的每一步操作，并且可以随时回退到之前的任何操作，如图1-32所示。

历史记录面板以时间线的形式呈现，每个操作都以图标和文本的形式显示。用户可以单击某个历史记录状态来回到特定的操作点。此

图1-32

外，用户还可以使用历史记录画笔工具在历史记录面板中绘制笔刷来恢复到特定的历史状态。

历史记录面板底部的3个按钮 从左到右依次是："从当前状态创建新文档""创建新快照""删除当前状态"。

1.1.9　属性面板与调整面板

1. 属性面板

Photoshop中的属性面板用于显示和编辑所选对象的属性，包括颜色、大小、位置等。

选中不同类型的图层，属性面板中会显示不同的参数组。例如，选中图片图层[见图1-33（a）]和文字图层[见图1-33（b）]后，属性面板中会显示不同的参数。

（a）　　　　　　　　　　　　　　（b）

图1-33

2. 调整面板

Photoshop中的调整面板是一个集合了多种图像调整工具的面板，可以对图像的颜色、亮度、对比度等进行调整。单击某个按钮后，会在图层面板中生成新的对应调整图层，属性面板中会显示对应的调整参数组，如图1-34所示。

图1-34

1.2　矢量绘画工具的基础操作

1.2.1　钢笔工具

1. 钢笔工具的绘制模式

Photoshop中的钢笔工具是一种矢量绘图工具，可以用来创建和编辑路径。路径可以是不封闭的开放状，也可以是封闭的。钢笔工具作为矢量绘画工具，可选的绘制模式有两种："形状"和"路径"。不同绘制模式绘制出来的效果不同。如图1-35所示，选择"形状"绘制模式时，可以在工具属性栏中设置填充色、描边色和描边粗细等样式，作为即将绘制的矢量图形的样式，用钢笔工具绘制出来的矢量形状会自动生成一个图层。当选择"路径"绘制模式时，绘制出来的矢量形状只是一个临时的工作路径，它会存储在路径面板中，但并无图层和任何样式，可以转换为选区、创建矢量蒙版，或者使用颜色填充和描边，以创建栅格图形。但注意工作路径只是一个临时路径，如果后面还会用到，则需要在路径面板中存储这个工作路径。

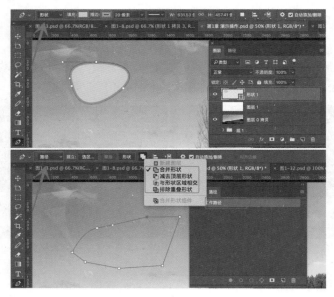

图1-35

另外，选择"路径"绘制模式，在绘制多个闭合路径时，还可以选择不同的路径合并模式。例如，选择"合并形状"，新绘制的路径形状会和已有的路径形状合并；选择"减去顶层形状"，则会在原有路径的基础上减去新绘制的路径形状与其相交的部分。

此外，钢笔工具还有多种可选的子工具，如自由钢笔工具、弯度钢笔工具、添加锚点工具、删除锚点工具和转换点工具等。这些工具可以帮助用户更准确地控制路径的形状和位置。例如，使用弯度钢笔工具可以直观地绘制曲线和直线段，而自由钢笔工具可用于绘制路径，就像用铅笔在纸上绘图一样。

2．钢笔工具的具体使用方法

（1）选择钢笔工具后，单击画布中的任意位置作为第一个锚点，这时会出现一个小方块，表示路径的起点。

（2）如果需要画曲线，则按住鼠标左键不放，再按住Shift键拖曳鼠标，该锚点的两头会出现两个手柄，然后释放鼠标左键绘制下一个锚点，此时可以看到路径自动弯曲，形成平滑的曲线，如图1-36（a）所示。

（3）可以在按住Ctrl键的同时，拖动路径点，调整锚点位置，从而改变路径形状。

（4）按住Alt键的同时拖曳锚点一侧的手柄，可以仅调整锚点一侧手柄的长短而不影响另一侧，如图1-36（b）所示。

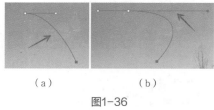

（a）　　　　　（b）

图1-36

1.2.2　矩形工具及圆角矩形工具

选择矩形工具后，在画布上单击并拖曳鼠标即可创建矩形。如果在按住Shift键的同时单击并拖曳鼠标，则可创建正方形。矩形工具的绘制模式和钢笔工具相同，只不过多了一个"像素"绘制模式。若选择"像素"绘制模式，则必须选中一个图层，但这个图层不可以是文字图层、矢量图层、编组图层，然后在所选图层上绘制出来的矩形是一个非矢量的色块区域，此时的正方形填充的颜色即工具栏上设置的前景色，如图1-37所示。

图1-37

圆角矩形工具的属性栏中多了一个"半径"参数，可以用来设置圆角矩形的圆角大小，如图1-38所示。

图1-38

椭圆工具的使用方法与矩形工具类似，按住Shift键拖曳鼠标即可绘制圆形，否则绘制的是长宽比各异的椭圆形。其工具参数与矩形工具相同。

1.2.3　多边形工具

在默认情况下，多边形工具被收纳在工具栏的更多 菜单面板中。Photoshop中的多边形工具可以用来绘制多边形和星形。将边数设置为3，绘制的是三角形，边数设置为5，则绘制的是五边形，在此基础上按住Shift键可以绘制等边三角形、等边五边形或其他等边多边形。另外，单击"边"参数左边的齿轮图标 展开下拉面板，可以设置是否绘制星形，并可以设置"平滑拐角"和"平滑缩进"。如图1-39所示，红色箭头1所指的形状是勾选了"平滑拐角"选项后绘制出来的，红色箭头2所指的形状是同时勾选了"平滑拐角"和"平滑缩进"选项后绘制出来的，其"缩进边依据"参数可以设置缩进的程度。

图1-39

1.2.4 直线工具

直线工具用于创建直线，线的粗细由工具属性栏中最右侧的"粗细"参数控制。对于直线工具来说，在"形状"绘制模式下，绘制出来的直线实际上是一个很窄很长的长方形，如图1-40所示。单击"粗细"参数左侧的齿轮按钮■，在弹出的下拉面板中可以设置直线的起点和终点是否带箭头。

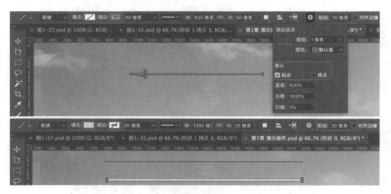

图1-40

1.2.5 自定形状工具

自定形状工具■中包含了数十种预设形状，如图1-41所示。此外，用户也可以将自己绘制的形状或者其他任意矢量图形加入自定形状工具的预设形状库中。

图1-41

1.3 文字工具的基础操作

1.3.1 输入并编辑文字

用户除了从工具栏中选择文字工具之外，还可以直接按T键快速切换到文字工具。Photoshop中的文字工具有两种类型，分别用于创建横排文字和竖排文字。在工具栏中用鼠标右键单击文字工具，可以从弹出的小面板中选择需要使用的文字工具。分别使用两种文字工具创建的文字效果如图1-42所示。

　　创建文字后，在属性面板、字符面板和段落面板中均可以调整字体、字重、文字大小、字间距、字体颜色、文字段落对齐方式等文字属性。在图层面版中用鼠标右键单击文字图层，在弹出的菜单中选择"栅格化文字"命令，可将文字转换为普通图层。

图1-42

1.3.2　文字变形

　　"文字变形"用于创建特殊的文字效果。选中文字图层（同时还要保持当前选择的是文字工具）后，在工具属性栏中单击"文字变形"按钮 🔲 可调出"变形文字"对话框对文字进行变形，如图1-43所示。

图1-43

1.3.3　创建路径文字

　　在Phosphop中可以沿着路径创建文字，从而制作出更丰富的文字效果。先绘制一条矢量路径，绘制模式设为"形状"或"路径"均可，然后选择文字工具，将鼠标指针移动到画布中的路径上，此时可以看到文字工具图标变成了另一个样式 🔲，如图1-44（a）所示。单击开始输入文字，文字会沿着路径分布，如图1-44（b）所示。

（a）　　　　　　　　　　（b）

图1-44

1.4　图层的基础操作

1.4.1　新建图层

　　在 Photoshop 中新建图层有以下3种方法。

（1）使用Shift+Ctrl+N组合键，再单击确定按钮新建图层。

（2）单击图层面板底部的创建新图层按钮，直接新建图层，如图1-45（a）所示。

（3）执行"图层 > 新建 > 图层"命令，完成新建图层，如图1-45（b）所示。

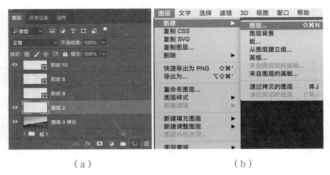

（a） （b）

图1-45

（4）新建图层之后，双击图层名称的文字区域（必须仅限文字区域，在图层列表其他区域双击会调出"图层样式"窗口），即可激活图层重命名，如图1-46所示。

图1-46

1.4.2 智能对象图层

1. 智能对象图层概述

智能对象图层是Photoshop中一种非常特殊的功能，可以由普通图层转换而来。它们包含了栅格或矢量图形中的图像数据，其最重要的特点是可以对原始图层进行非破坏性的编辑。也就是说，因为智能对象保留了图像的源内容及其所有原始特性，所以无论对智能对象图层进行怎样的变换，都不会对原始图像造成任何破坏。

在图层面板中右键单击图层，在弹出的菜单中选择"转换为智能对象"选项，即可将普通图层转换为智能对象图层，如图1-47（a）所示。智能对象图层在图层面板中的预览图右下角会增加一个小图标，如图1-47（b）所示。双击这个小图标，可以进入原始图层对原始图像进行编辑。

（a） （b）

图1-47

要将智能对象图层转换为普通图层，则右键单击要转换的图层，在弹出的菜单中选择"栅格化图层"选项即可。

2.　智能对象图层的优点

智能对象图层有以下4个优点。

（1）执行非破坏性变换。可以对图层进行缩放、旋转、斜切、扭曲、透视变换等操作，而不会丢失原始图像数据或降低图像品质。

（2）处理矢量数据。例如，Illustrator中的矢量图形，若不使用智能对象，则这些数据在Photoshop中打开将被栅格化。

（3）添加智能滤镜。可以随时编辑应用于智能对象图层的滤镜参数，如图1-48所示。普通图层在添加滤镜后，滤镜的参数再也不能调整了，因此不是很方便。

（4）联动跟随特性。如果把一个智能对象图层复制10个副本，那么编辑一个智能对象图层的原始图像后，其他10个副本会自动同步更新。

图1-48

1.4.3　调整图层

Photosho中的调整图层是一种特殊的图层类型。在对图像图层进行各种调整和修改的同时，不会直接影响原始图像的像素数据。调整图层可以帮助用户改变图像的亮度、对比度、色彩、饱和度、曝光度等属性，以及应用滤镜效果、颜色校正等。如图1-49所示，新建一个"亮度/对比度"调整图层，然后在属性面板中调整参数。位于调整图层之下的图层图像都会受其影响，而位于调整图层之上的图层则不会受其影响。

图1-49

通常可以执行"图层 > 新建调整图层"命令来创建各类调整图层，也可以通过单击图层面板底部的图标按钮来添加调整图层，如图1-50所示。

Photoshop中的调整图层常用的有以下5种。

（1）亮度/对比度：可以改变图像的亮度和对比度。用户可以拖曳滑块来提高或降低图像的亮度，以及图像中颜色之间的对比度。

（2）色阶：可以移动黑点、中点和白点的滑块来调整图像的色彩范围和对比度。这个调整图层对于修复曝光过度的图像非常有用。

（3）曲线：可以调整曲线上的点来改变图像的亮度和对比度。用户可以自定义曲线形状，以精确控制图像的色彩和明暗。

（4）色相/饱和度：可以改变图像的色相、饱和度和亮度。用户可以拖曳滑块来提高或降低图像的色彩强度

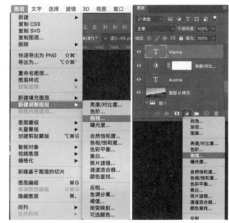

图1-50

和饱和度。

（5）色彩平衡：可以增加或减少特定颜色通道的值，来调整图像的整体色彩平衡。用户可以拖曳滑块来增加或减少红色、绿色和蓝色通道的值。

另外，Photoshop还提供了许多其他调整图层，如黑白、色调/饱和度、色彩平衡等。这些调整图层可以帮助用户实现更精确的图像调整和修改。用户可以通过图层面板中的"新建调整图层"按钮来创建调整图层，并根据需要进行修改和调整。

1.4.4 图层的编组、合并、导出与其他操作

1. 图层编组

为了方便查找，常常需要将图层编组。将图层编组很简单，最快的方式就是选中一个或多个图层（按住Shift键或Ctrl键的同时，单击即可选中多个图层），然后按Ctrl+G组合键即可。

2. 合并图层

在Photoshop中，合并图层常用的方法有以下3种。

（1）使用快捷键。同时选中多个图层，然后按Ctrl + E组合键，即可将选中的图层合并为一个图层。

（2）使用图层面板。选中多个图层后，用鼠标右键单击所选图层，在弹出的菜单中选择"合并图层"选项。

（3）使用"图层"菜单。同时选中多个图层，然后执行"图层 > 合并图层"命令，如果选择"合并可见图层"选项，则会将所有可见图层合并到一个图层中。

3. 导出图层

"导出图层"操作在界面设计中单独导出某个图标时比较方便。在图层面板中选中要导出的图层，单击鼠标右键，在弹出的菜单中选择"快速导出为PNG"选项，可直接导出为PNG格式图片。如果要导出为其他格式，则选择"导出为"选项，然后在弹出的窗口中选择需要导出的文件格式，确认设置后单击"保存"按钮。

4. 图层的其他常用操作

在界面设计中经常需要执行复制图层或图层编组的操作。例如，在设计一个列表界面或卡片界面时，列表和卡片的样式是统一的，只需要更换图标、文案或图片，这种情况一般就可以通过复制该图层，然后将其移动到合适的位置来实现快速制作。复制图层的快捷键是Ctrl+J组合键。

1.4.5 设置图层不透明度与填充

图层面板右上角有"不透明度"和"填充"两个设置项。选中需要调整的图层，可以在"不透明度"文本框中直接输入数值，也可以单击向下箭头调出参数值滑动条，拖曳滑动条手柄来调整参数值，如图1-51所示。

还有一种更快捷的调整图层不透明度的方式，就是利用键盘上的数字键。例如，当需要将某个图层的不透明度设为60%时，可以直接按数字键6。当需要调整不透明度至10%以下时，快速连续按数

图1-51

字0再按数字1～9中的一个，可以将图层不透明度调整到1%～10%。这里要注意，按住数字键0是恢复不透明度为100%。

需要重点注意的是，不透明度和填充的区别在于：不透明度会同时影响图层的内容和图层样式，而填充只会影响图层的内容，不会影响图层样式。因此，如果用户希望调整整个图层的透明

度，包括图层样式，则应该使用不透明度；如果用户希望调整图层的内容透明度，而保持图层样式不变，则应该使用填充。

1.4.6　图层蒙版的使用

1. 图层蒙版的特性与使用方法

Photoshop中的图层蒙版是一种用于非破坏性图像编辑的工具，其工作原理是在当前图层上覆盖一层玻璃片，这种玻璃片有透明、半透明和不透明3种状态。在蒙版上绘制填充色彩（只能涂黑色、白色和灰色），涂黑色的地方蒙版变为完全透明的，看不见当前图层的图像；涂白色会使该部分变为不透明的，可看到当前图层上的图像；涂灰色则会使蒙版变为半透明，透明的程度由涂色的灰度深浅决定。添加图层蒙版一般有两种方式：一是选中某个图层后，直接单击图层面板底部的"添加图层蒙版"按钮 ▣，创建一个空白的图层蒙版。二是选中某个图层后，单击添加"图层蒙版"按钮 ▣ 创建一个选区形状内为白色（不透明，显示所选图层内容），其余区域为黑色（透明，不显示所选图层内容）的图层蒙版，如图1-52所示。

图1-52

用鼠标右键单击图层蒙版区域，在弹出的菜单中选择相应选项可以执行删除、停用、启用和应用图层蒙版，以及添加蒙版到选区等操作，如图1-53所示。其中，应用图层蒙版与启用图层蒙版的区别在于：应用图层蒙版会删除图层内容中除了图层蒙版之外的区域，然后删除图层蒙版。

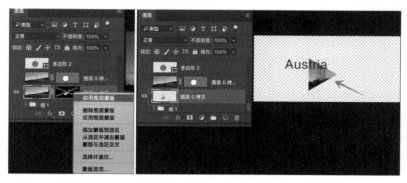

图1-53

2. 图层蒙版的类型

图层蒙版有两种类型。

（1）普通图层蒙版。它是与分辨率相关的位图图像，可使用绘画或选择工具创建和编辑。

（2）矢量蒙版。它与分辨率无关，可使用钢笔或形状工具创建。创建矢量蒙版的方法与创建普通图层蒙版略有不同，首先使用矢量工具（钢笔工具或矩形工具、多边形工具等）绘制一个矢量形状，注意绘制模式要选择"形状"，然后选中这个矢量形状，按Ctrl+C组合键复制，并隐藏该图层，最后选中需要添加蒙版的图层，按Ctrl+V组合键粘贴。如图1-54所示，被选中的图层中创建了一个矢量蒙版，蒙版的形状就是刚才绘制并复制的矢量形状。

图1-54

1.4.7 图层的叠加模式

Photoshop中的图层混合模式是一种用来确定当前图层和底层图像之间像素颜色混合的方式，其直接的表现就是，同一幅图像在使用不同的图层混合模式时，其叠加在其他图层上呈现的效果是不一样的。图1-55所示的3组本具有相同的颜色，分别使用了"正片叠加""滤色""正常"3种混合模式，最后呈现的效果完全不同。

图1-55

1.4.8 图层样式简介

在Photoshop中可以为图层添加图层样式，来创建更丰富的视觉效果，如渐变、发光、描边、阴影等。在"图层样式"窗口中，普通图层、矢量形状图层、智能对象图层和文字图层均可以添加图层样式，并且可以同时勾选添加多个图层样式，每个图层样式均可以设置不同的样式效果、不透明度和混合模式，如图1-56所示。

图1-56

　　这里要注意的是，图层样式的混合模式会代替图层自身的混合模式。例如，图层设置的是"变亮"混合模式，又添加了一个混合模式为"变暗"的"渐变"图层样式，那么最终的混合模式效果是"变暗"的"渐变"图层样式。

　　使用图层样式的方法十分简单，只需要在图层面板中双击图层即可调出"图层样式"窗口添加图层样式。需要注意的是，不要双击图层名称所在的文字区域，否则会触发图层重命名，而不会调出"图层样式"窗口。另外，当需要使很多个图层对象实现相同的图层样式效果时，可以将图层样式复制到其他图层上。

1.5　滤镜的基础操作

1.5.1　"滤镜"菜单

　　Photoshop中的"滤镜"菜单是一个非常强大的工具，可以为图像应用各种视觉效果和艺术效果。滤镜不仅可以改变图像的外观，还可以创建各种纹理、艺术效果和特殊效果。

　　图1-57所示为"滤镜"菜单第4部分，即红色矩形框所圈处，其中的每一个选项都有一组子菜单，包含了各自组内的滤镜效果。滤镜的使用方法很简单，先选中一个图层，然后在"滤镜"菜单中选择某个滤镜即可生效。限于篇幅，这里不再介绍每一个滤镜添加后的效果。

　　以下概括介绍图像处理和界面设计中常用的滤镜效果。

　　"模糊"滤镜组：用于制作现在非常流行的磨砂玻璃效果。

　　"模糊画廊"滤镜组：与一般的"模糊"滤镜不同，该滤镜组中的滤镜可以模拟一些特殊的模糊效果。例如，"光圈模糊"滤镜可以模拟景深模糊，"路径模糊"滤镜可以用路径创建运动模糊效果。

图1-57

　　"扭曲"滤镜组：用于对图像进行几何方式的处理，生成从波纹到扭曲或三维变形等各种特殊效果。

　　"风格化"滤镜组：用于添加艺术效果和风格化图像的滤镜。例如，将图像处理成铅笔风格、油画风格、水彩画风格等。

　　"像素化"滤镜组：将图像转换成类似"平面色块组成的图案"的风格，如晶格化风格、马赛克化风格等。

　　滤镜只能运用于未隐藏的图层，如果运用于矢量形状图层，则会先将矢量形状图层转换为智能对象图层，再添加滤镜并生效。若用于文字图层，则会在滤镜生效的同时，自动将文字图层栅格化为普通位图图层。

1.5.2　滤镜库的使用

　　滤镜库是一个非常方便的滤镜工具，可以在一个窗口中添加与调整不同的滤镜效果，而无须来回切换菜单和窗口。如图1-58所示，滤镜库窗口包含了"风格化""画笔描边""扭曲""素描""纹理""艺术效果"6组滤镜。

　　滤镜库左侧是图像预览区，可以实时预览滤镜添加、调整参数后的效果，中间是6组可供选择的滤镜，右侧是参数设置区。

图1-58

1.5.3 智能滤镜 🔍

选中一个图层后，在"滤镜"菜单中选择"转换为智能滤镜"命令，会先将图层转换为智能滤镜（这个操作和"转换为智能对象"其实是等同的操作），但此时不会添加任何滤镜，用户可以手动为该智能对象图层添加滤镜效果，该滤镜就会成为智能滤镜。如图1-59所示，在图层面板中，智能对象图层下方多了一行滤镜效果，双击展开滤镜参数可以随时进行调整，单击滤镜前的眼睛图标 👁 可以暂时隐藏滤镜效果。

图1-59

智能滤镜可以呈现与普通滤镜相同的效果，但不会真正改变原始图像的像素。通过智能滤镜，用户可以随时修改参数或隐藏滤镜效果，恢复原始图像。

第 **2** 章

移动端 App 的 UI 设计

本章导读

　　本章主要学习如何使用Photoshop设计几种移动端App的"轻拟物"风格UI。"轻拟物"风格的UI设计，在视觉传达与交互体验方面清新且友好，适用于生活类、娱乐类、游戏类的应用场景。

学习要点

❖ "轻拟物"风格的特点
❖ "彩色磨砂玻璃"质感的音乐播放器制作
❖ "石膏"质感的计时器表盘制作
❖ 清新轻拟物风格的日历界面设计
❖ 融合不同轻拟物质感的界面设计

2.1 移动端UI设计的视觉风格

2.1.1 早期视觉风格的演进——从拟物到扁平

1. 追求极致细节和真实的拟物化视觉设计

　　2010年以前的UI设计大多是追求细节、逼真写实的"拟物"化视觉风格。"拟物"风格，就是模拟现实物体，就像绘画中的写真画派一样，追求真实的光影和质感，力求刻画精致的细节，如图2-1所示。

2. 微软Metro UI——极致扁平化风格的先行者

　　2010年，微软从Windows Phone 7开始正式引入了名为Metro UI的界面设计风格。它几乎去除了颜色、形状、字符以外的一切视觉元素，以极致简约的视觉风格、大胆的用色和清爽的排版，为用户呈现出一种以内容为核心的简约界面风格，如图2-2所示。这与图2-1所示的视觉风格有天壤之别。实际上，Metro UI先于iOS7所谓的"扁平化"视觉设计风格。

图2-1

　　这种简约的视觉风格虽不再考量设计师的视觉刻画能力，但是非常考验设计师在排版、构成方面的能力。这种设计风格在2010年初现时显得极致而超前。

3. iOS7——扁平化视觉风格的发扬光大

　　2013年，iOS7将一种全新的、中性的和符合大众审美的"扁平化"视觉风格引入了UI设计中。这种扁平化设计风格主要有以下3个特点。

　　（1）图标设计大量应用了一种微弱、柔和的色彩渐变，相当于是抽象了的光影效果。

　　（2）大量应用了背景模糊效果，以模拟类似磨砂玻璃的质感。

　　（3）相比于方方正正的Metro UI，iOS7的UI设计加入了大量圆角，使整体风格更加圆润，如图2-3所示。

图2-2 　　　　　　　　　　　　　　　　　　　　　　　图2-3

iOS7使用的这种更加柔和且不那么极致的扁平化视觉风格，保留了少量拟物视觉风格的特点，但在最大程度上消除了多余的装饰性元素，仍然以功能和信息内容为中心。iOS7在视觉风格上比较中性，更符合大众审美，因此一经推出，就引起了设计师和普通用户的美学共鸣。此后，此类视觉风格的UI设计大量出现。这种扁平化视觉风格的UI设计不仅像Metro UI一样考验设计师的排版、构成能力，还考验设计师的细节刻画能力。

4．视觉风格演变的背后

笔者认为，视觉风格演变的背后是当时"技术应用的重大革新和界面设计思想的转变"。其中，"技术应用的重大革新"是多点触屏技术的大规模应用和智能手机性能的提升所带来的用户交互体验的优化，使得用户与界面的交互变得非常动态而流畅，可以聚焦于任务交互本身，快速达成目标。过于精致或细节丰富的静态界面可能干扰用户聚焦，这是当前人机交互和任务的不利因素。

"界面设计思想的转变"则是在延续多年的视觉风格极尽华丽、精致的表面下，视觉审美疲劳渐渐产生，并且受到建筑设计界的包豪斯设计思想的影响，使得UI设计领域出现"少就是多""做减法""形式跟随功能""专注于内容"等设计思想。其影响力也很快扩展开来。

UI设计从拟物到扁平视觉风格的变化是随着技术和设计双重创新交织演进的。

2.1.2　视觉审美的某种归途——"轻拟物"风格

自iOS7开始推广的扁平化视觉风格，虽然保留了极少量的拟物视觉风格元素，但依然非常克制，整体的界面仍然是极为"扁平"的，除了少量出现的微弱投影外，几乎没有任何立体的元素。例如，图2-4所示的各个应用模块的界面视觉主体基本上都是小图标、字符和少量阴影，几乎没有装饰性元素。

图2-4

在设计领域中，扁平化风格流行了10年之久，或是出于设计师的创新探索，或是用户的审美疲劳，在2019年前后，开始出现并流行一种名为"Neumorphosm"的视觉风格趋势。其又被称为"新拟态"或者"轻拟物"，看起来似乎是某种拟物视觉风格的回归，并开始广泛应用在移动端UI设计实践中。

图2-5

"轻拟物"，顾名思义就是一种"轻量"的拟物，其中的拟物视觉元素相比于先前的扁平化视觉风格前进了一大步，但在设计刻画和应用上依然比较克制。例如，图2-5所示的音乐播放器界面除了中间的专辑封面图组和播放进度条的长投影效果以外，下方中央的播放/暂停按钮采用了立体浮雕样式效果，但又不像之前写实拟物风格那么强烈，与周围的扁平化简约风格元素也并不冲突。

实际上，图2-5所示界面中的"轻拟物"效果是按照操作按钮的主次顺序来有意运用的：首先，重要、高频操作的播放/暂停按钮运用了最强烈的立体拟物效果；其次，播放进度条和上一首/下一首按钮采用了立体长投影，而次要、低频的"更多设置""循环"按钮采用了扁平、弱化的简约效果。

从图2-5中可以看到，"轻拟物"视觉风格相比于iOS的扁平化风格多了渐变、光影、阴影、立体以及轻微的物体质感等比较写实的装饰性视觉元素。例如，同样是投影，"轻拟物"大量应用更立体、更大胆的投影效果。同样是渐变，"轻拟物"的渐变很多时候基于模拟物体光影。除此之外，部分作为页面重要元素的UI组件也不再是完全无厚度的纯扁平化视觉样式，"轻拟物"适当地增加了一些立体效果，并增加了一点物体的质感。图2-6所示的日程卡片增加了轻微的磨砂玻璃质感。

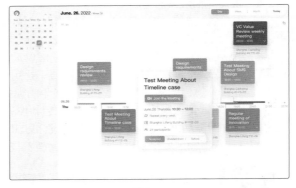

图2-6

"轻拟物"风格相比于前代的拟物风格，又显得更加扁平。

在某种程度上，这种"轻拟物"视觉风格可以看作试图结合"拟物"和"扁平"两种风格各自的优点，既能保留扁平化的那种聚焦、专注、高效，又能在一定程度上提供给用户更多的视觉审美感受，不至于过于枯燥乏味。而"轻拟物"风格也往往还有一套自己的色彩搭配特点，即较少使用大面积高饱和度、强对比度色彩，也较少使用纯黑纯白，而较多使用高饱和加高明度的更柔和的色彩搭配，或者接近在传统色彩绘画中被俗称为"高级灰"的较优雅的灰色系色调，整体更加清新、友好、富有情感。

总的来说，相比于经典的扁平化极简主义视觉风格，在视觉传达与交互体验的清晰、聚焦、专注、高效上，"轻拟物"是有所不如的，但是在情感化、细节趣味性上更胜一筹。"轻拟物"风格的应用场景主要还是看所要设计的应用是何种类型的。如果是生活类、娱乐类、游戏类的应用，则"轻拟物"风格能够更有效地传达趣味和情感。用户在界面中感受到"会心一笑"的时刻往往是一种极佳的体验。

2.2 实例1：磨砂玻璃质感的音乐播放器设计

微课

实例1

本实例将制作一组磨砂玻璃质感的音乐播放器界面。将主要的界面元素设计成磨砂玻璃的质感，界面的其他大部分区域的设计仍然是扁平风格。

"对比"作为基础设计技巧中的原则之一（其他几大原则还有"紧凑""重复""对齐"），在UI设计中也得到大量运用。这里利用立体和扁平效果的强烈对比在实践中来贯彻这一设计原则，制造出更强烈的视觉效果，吸引和引导用户聚焦操作。

本实例将综合应用Photoshop中的"高斯模糊"滤镜、智能对象、矢量路径等技巧。实例最终效果如图2-7所示。

> **★ 资源位置**
>
> 🖼 **实例位置** 实例文件>第2章>实例1：磨砂玻璃质感的音乐播放器设计.psd
>
> ▶ **视频名称** 视频文件>第2章>实例1：磨砂玻璃质感的音乐播放器设计.mp4

图2-7

⚙ 设计思路

（1）本实例的核心是"磨砂玻璃"质感，而磨砂玻璃质感是通过对后层背景的模糊来体现的，因此必须为需要的图层添加模糊滤镜。一般在Photoshop中推荐使用"高斯模糊"滤镜。

（2）因为仅针对图标区域范围内使用"高斯模糊"滤镜，不需要模糊整个后层的背景，所以必须使用遮罩蒙版，使它仅在蒙版范围内产生高斯模糊效果。这里推荐使用矢量蒙版，也就是将钢笔工具绘制的矢量形状作为蒙版。即使放大整个图层，矢量蒙版也不会产生边缘的锯齿、模糊等问题。

（3）磨砂玻璃的视觉风格是比较柔和、明亮的，因此整体的界面色彩风格比较适合用高明度、中饱和度的轻快明亮的色调。

（4）不能把界面上的所有按钮都设计成磨砂玻璃风格，因为要突出界面操作的主次对比，所以要克制运用效果。

2.2.1 制作页面背景　🔍

1. 使用图层样式绘制渐变背景

（1）打开Photoshop，按住Ctrl+N组合键新建一个空白文档，并将其命名为"2.2 实例1"，将宽度设置为856、高度设置为1852，单位为像素，如图2-8所示。

图2-8

（2）新建一个空白文档后，可以看到一个默认生成的背景图层。它是处于锁定状态的，无法进行任何编辑操作。双击该图层，将其转换为普通图层，并命名为"底层背景"，如图2-9所示。

（3）在将背景图层转换成普通图层后，再次双击该图层，就会出现"图层样式"窗口，此时可以看到左侧有颜色叠加、渐变叠加、外发光等多种不同的图层样式，可以为图层创建各种效果。勾选"渐变叠加"为该图层添加一个渐变样式，在"图层样式"窗口右侧单击"渐变"色条，弹出"渐变编辑器"窗口，选择名称为"紫色_13"的渐变效果，如图2-10所示。Photoshop 2022有基础、蓝色、紫色等多组预设的渐变效果，用户可以从中选取一个预设效果，再在其基础上进行色值的调整和编辑，以提高效率。

　　双击渐变色条两端的色柄，可以调出调色盘，自由调整颜色。用户可以根据自己的喜好，选择不同的渐变色调。

图2-9

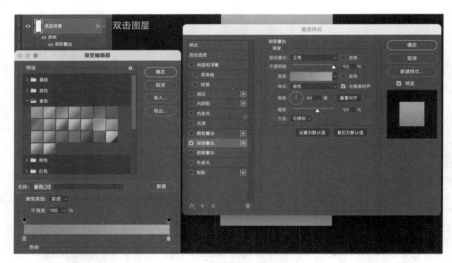

图2-10

　　接下来为背景添加一些装饰性元素。

2. 为背景添加装饰性元素

（1）使用椭圆工具绘制矢量形状图层。在工具栏中选择椭圆工具，在工具属性栏中将矢量工具的绘制模式设置为"形状"，也就是在图层上使用矢量工具直接绘制时会自动生成一个新的矢量形状图层。再将"填充"设置为纯白色，"描边"设置为无，如图2-11所示。在图中所示位置绘制一个大的正圆形。

（2）选中矢量形状图层"椭圆1"，然后按住数字键4，将图层不透明度设为40%。在工具栏中选择渐变工具，在工具属性栏中设置渐变模式为"径向渐变"，如图2-12所示。

（3）选中"椭圆1"图层，然后在图层面板底部栏单击名为"椭圆1"的图层，并为其添加一个图层蒙版，使用渐变工具从椭圆圆心偏上位置开始，按住Shift键的同时按住鼠标左键往右上角拖曳，释放鼠标后，可以看到形成了从中央到四周的透明度渐变效果，如图2-13所示。

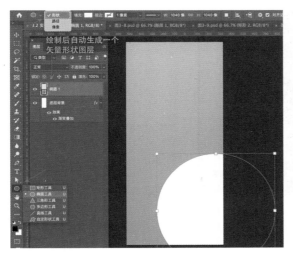
图2-11

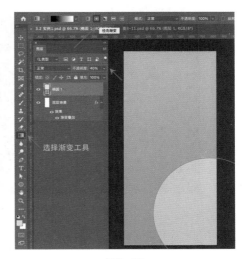
图2-12

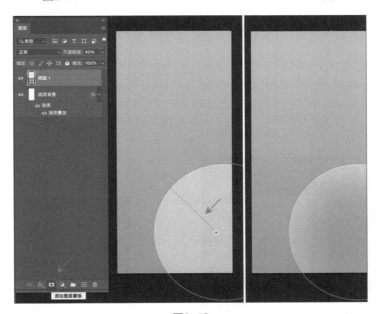
图2-13

　小提示

按住Shift键斜着拖曳会将角度限制在45度。

（4）保持"椭圆1"图层为选中状态，按Ctrl+J组合键复制一个图层，再按Ctrl+T组合键调出缩放调节手柄，用于缩放大小并调整位置，如图2-14所示。确定位置后按Enter键确认修改，并快速连按数字键1和2，将图层不透明度修改为15%。

（5）用同样的方法，在左上角再绘制一组同样的渐变椭圆形状，但需要将其整体缩小一些，如图2-15所示。

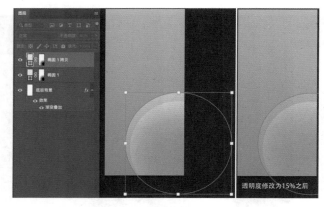

图2-14　　　　　　　　　　　　　　　　　　　　图2-15

（6）使用钢笔工具为背景添加一些曲线点缀。线和面结合能够创建对比强烈的视觉张力和节奏感。在工具栏中选择钢笔工具，在工具属性栏中选择绘制模式为"形状"，将填充设置为"无"、描边设置为纯白色、粗细设置为2像素，然后直接绘制一条形状做参考的曲线，注意不要封闭起来，如图2-16所示。使用钢笔工具绘制曲线的具体方法可以参考第1章的基础操作内容。绘制完成后，可以通过钢笔工具对曲线进行二次调节，进一步优化形状。

（7）单击图层面板的空白处，取消选中刚生成的形状图层"形状1"，可以看到已经创建了一条白色的曲线。

（8）用同样的方法再绘制几条曲线，参考图2-17所示形状。调节这几个曲线图层的不透明度（图2-17所示的不透明度值仅供参考。它们基本上是按照若干条相近线的排列顺序，不透明度从高到低依次降低，或者从低到高依次升高），从而创建层层递进、错落有序的透明度的梯度变化节奏感。

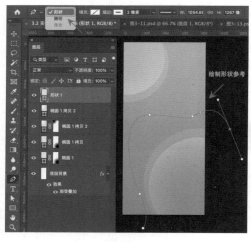
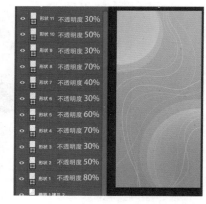

图2-16　　　　　　　　　　　　　　　　　　　　图2-17

（9）将背景图层和这些曲线所在图层打包进一个"智能对象"图层中，然后复制该智能对象图层。智能对象图层的复制层会随着初始创建的智能对象图层的内容更新而同步更新，因此在制作基于智能对象图层复制层的高斯模糊时，只需要调整初始智能对象的内容，就可以同步更新所有其复制层。

（10）选中目前创建的所有图层，单击鼠标右键，在弹出的菜单中选择"智能对象"选项，可以看到所有图层都集成到了一个智能对象图层中，如图2-18所示。需要注意的是，智能对象图层的左侧缩略图下方有一个特殊的图标🔗。修改原始智能对象图层内容的方式就是双击智能对象图层左侧缩略图下方的🔗图标，如图2-19所示。进入一个新的标签页，可以看到刚才打包的所有智能对象内的图层，在此可以进行修改操作，保存后回到刚才的主文档，可以看到智能对象图层已经更新了。智能对象图层会生成一个PSD格式的文件。

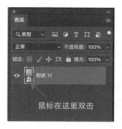

图2-18　　　　　　　　　　　　　　　　　　　　图2-19

至此，背景的绘制完成。接下来绘制播放歌曲的专辑封面。

2.2.2　设计制作专辑封面 🔍

1. 绘制圆形专辑封面的磨砂玻璃背景

（1）选择椭圆工具，在画面上部绘制一个正圆形状图层（注意不要选中任何其他形状图层，否则会绘制在同一个形状图层中），宽高参考值（W和H）为624像素，将"填充"设置为纯白色、"描边"设置为无，如图2-20所示。

（2）调整位置。选中"椭圆2"图层，按Ctrl+T组合键调出调节手柄框，在工具属性栏中的X和Y文本框中分别输入428和614，使这个正圆形在正中央偏上的位置区域，如图2-21所示。当然，也可以通过手动控制进行移动。选中"椭圆2"图层，按住Shift键横向移动，图形会被自动吸附到横向正中央的位置，然后进行上下位置的移动。

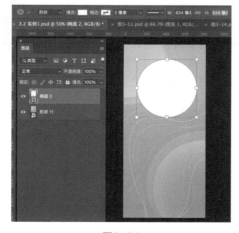

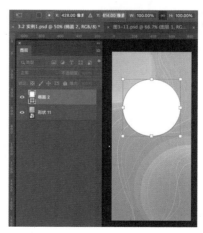

图2-20　　　　　　　　　　　　　　　　　　　　图2-21

（3）开始制作磨砂玻璃质感。选中背景智能图层"形状11"，按Ctrl+J组合键复制一层智能对象。该智能对象复制层将会随着原始智能对象图层内容的更新而更新。复制后，再按Ctrl+G组合键，将智能对象图层编组，并将编组图层重命名为"专辑封面 模糊"，如图2-22所示。

（4）为该组绘制一个矢量蒙版。这时刚才创建的椭圆矢量形状图层就派上用场了。先切换到刚才新建的形状图层"椭圆2"，按A键快速切换到路径选择工具，直接单击画板中的椭圆形状，就选中了该路径。按Ctrl+C组合键复制，再选中编组"专辑封面 模糊"，按Ctrl+V组合键粘贴。可以看到编组图层"专辑封面 模糊"自动生成了一个矢量蒙版，将其他图层隐藏就可以看到蒙版的效果了，如图2-23所示。

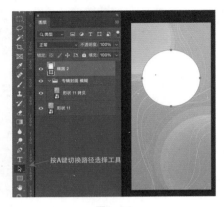
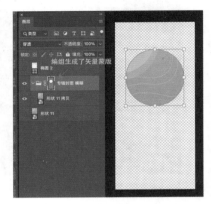

图2-22　　　　　　　　　　　　　　　　图2-23

（5）选中智能对象复制层"形状11 复制"，执行"滤镜>模糊>高斯模糊"命令，为所选图层添加一个"高斯模糊"滤镜，如图2-24所示。

（6）在弹出的"高斯模糊"对话框中将"半径"设置为18，效果如图2-25所示。这时已经可以看到一个圆形范围的磨砂玻璃的基础效果样式了。

图2-24　　　　　　　　　　　　　　　　图2-25

如果想继续调整高斯模糊的模糊程度，就可以双击智能对象图层下方的"智能滤镜>高斯模糊"，再次打开"高斯模糊"窗口进行调节。

目前还有些缺乏层次感和玻璃实体的立体感，接下来继续优化这个效果。

（7）双击编组"专辑封面 模糊"，弹出"图层样式"窗口，先在左侧栏中勾选"渐变叠加"添加一个渐变样式，设置"混合模式"为"正常"、"不透明度"为30%、"角度"为135度。单击"渐变"色条弹出"渐变编辑器"窗口，将渐变色条两端的色值分别设置为# 8bb7ff和# bdeaff，如图2-26所示。

（8）在"图层样式"窗口中勾选"投影"图层样式，再为编组"专辑封面 模糊"添加一个投影样式。将颜色色值改为#4506e4，设置"混合模式"为"正片叠底"、"不透明度"为18%、"角度"为90度。取消勾选"使用全局光"复选框，设置"距离"为60像素、"大小"为120像素，如图2-27所示。最后得到淡淡的蓝色大投影效果。

图2-26

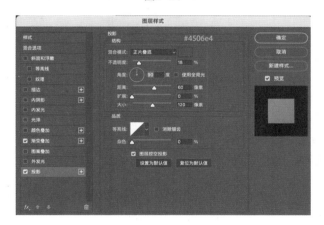

图2-27

（9）在"图层样式"窗口中勾选"内阴影"图层样式。将"混合模式"设置为"滤色"、颜色色值为设置纯白色，"不透明度"设置为40%，勾选"使用全局光"复选框，"距离"和"大小"分别设置为4像素和1像素，如图2-28所示。

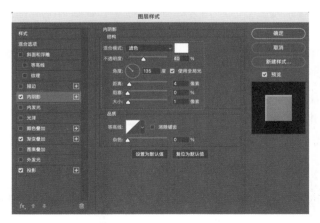

图2-28

（10）单击"内阴影"项右端的"+"图标，添加一个新的内阴影，然后修改部分参数，如图2-29所示。

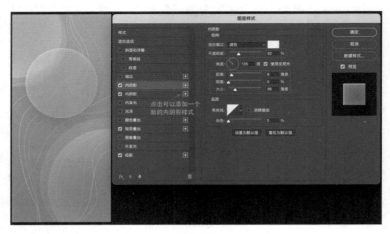

图2-29

 小提示

Photoshop 2022支持描边、内阴影、颜色叠加、渐变叠加、投影这5个图层样式添加多个同类样式。

如果想获得更透明的磨砂玻璃质感，则可以进一步降低"渐变叠加"图层样式中的"不透明度"。

2. 添加专辑封面图并添加图层样式

（1）在"实例文件>第2章>素材"文件夹中找到图片"专辑封面素材2.jpg"，按Ctrl+C组合键复制图片，然后回到Photoshop中，不选中任何图层，按Ctrl+V组合键粘贴图片，并将其所在图层转换为智能对象图层，双击图层名称处，将图层重命名为"专辑封面图"，如图2-30所示。

（2）选中"专辑封面图"图层，再按Ctrl+G组合键为该图层编组，并将该编组图层命名为"专辑封面图编组"。

为编组图层添加一个矢量蒙版。按A键切换为路径选择工具，单击选中前面绘制的圆形矢量形状图层"椭圆2"。使用路径选择工具单击选中"椭圆2"的路径，按Ctrl+C组合键复制路径，再选中"专辑封面图编组"图层，按Ctrl+V组合键粘贴路径，为该图层添加一个正圆形矢量蒙版，如图2-31所示。

图2-30

图2-31

（3）选中"专辑封面图"智能对象图层，按Ctrl+T组合键，对图层进行一定的缩放和移动，如图2-32所示。

（4）双击编组图层"专辑封面图编组"，调出"图层样式"窗口，勾选"描边"图层样式，设置"大小"为20像素、"位置"为"内部"、"混合模式"为"叠加"、"不透明度"为100%、勾选"叠印"、"填充类型"为"渐变"，渐变颜色为"红色_05"，如图2-33所示。

图2-32

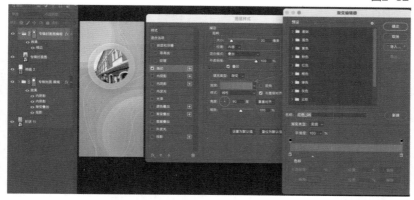

图2-33

2.2.3　设计制作按钮组件

1. 绘制播放按钮组件

至此，专辑封面的效果基本上就制作完成了。接下来按照类似的方法，绘制磨砂玻璃质感的播放按钮组件。

（1）选中编组图层"专辑封面 模糊"，按Ctrl+J组合键复制出一层新的磨砂玻璃质感图层，重命名为"播放/暂停按钮背景"，然后按A键切换到路径选择工具，单击选中该编组图层的矢量蒙版路径，缩小并移动它的位置，如图2-34所示。

（2）微调播放按钮的磨砂玻璃质感。双击编组图层"播放/暂停按钮背景"，调出"图层样式"窗口，调整两个"内阴影"图层样式的参数，如图2-35所示。

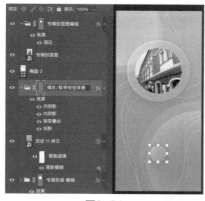

图2-34

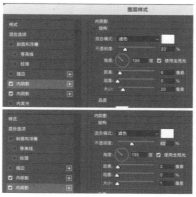

图2-35

（3）绘制播放图标。选择矩形工具，在工具属性栏中设置"填充"为纯白色、"描边"为无、圆角（图标为 ⌐ ）为4像素，如图2-36所示。

| □ □∨ | 形状 ∨ | 填充：■ | 描边：◢ | 2像素 ∨ | ── ∨ | W: 0像素 | ⊖ | H: 0像素 | ■ | ⊫ | ◈ | ⌒ 4像素 | ☑ 对齐边缘 |

图2-36

（4）参数设置完毕后，先绘制一个竖向的长方形矢量形状，然后按住Alt键拖曳鼠标，复制出一个大小形状相同的长方形，尺寸如图2-37所示。长方形的位置是要相对播放按钮背景居中的，比较快捷的操作方式是同时选中两个长方形矢量形状图层，按住Shfit键，拖曳鼠标，被选中的形状就可以自动吸附到居中的位置了，最后保持这两个长方形矢量形状图层处于选中状态，按Ctrl+G组合键编组，并将新的编组图层重命名为"播放图标"。

（5）为播放图标添加效果。双击"播放图标"编组图层，打开"图层样式"窗口，勾选添加"渐变叠加"图层样式，然后调整参数如图2-38所示。

图2-37

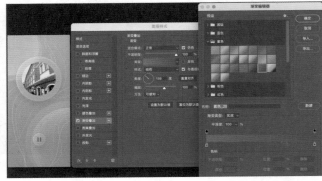

图2-38

（6）按照上一步骤的方法绘制出"上一首"和"下一首"按钮。需要注意的是，"上一首"和"下一首"按钮的背景尺寸要略小于中央的播放按钮的背景尺寸。另外，这两个按钮中间的双三角形图标可以使用三角形工具来绘制。在绘制双三角形图标时，可将三角形的圆角设置为4，然后将"播放图标"编组图层的渐变图层样式复制粘贴到"上一首"和"下一首"按钮的双三角形图标编组图层中，最终效果如图2-39所示。

（7）如果想进一步加强磨砂玻璃的质感，则可以尝试为其添加"添加杂色"滤镜。以专辑封面背景为例，选中编组图层"专辑封面 模糊"下的矢量形状图层"形状 11复制"，执行"滤镜>杂色>添加杂色"命令，设置参数如图2-40所示。

（8）用上一步骤的方法为其他3个磨砂玻璃按钮添加"添加杂色"滤镜，最终效果如图2-41所示。

图2-39

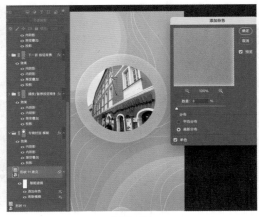

图2-40

图2-41

2. 绘制播放进度条

音乐播放器界面的基本UI组件都已经绘制完成，最后一个UI元素是播放进度条。

（1）使用矩形工具在播放按钮组件和专辑封面之间的区域绘制一个细长条形，矩形工具属性栏的参数设置如下。将"填充"设置为纯白色，"描边"设置为无，圆角设置为6。绘制一个位置居中的长条矩形，将这个矢量形状图层重命名为"播放进度条背景"，并按数字键6将图层不透明度改为60%，如图2-42所示。

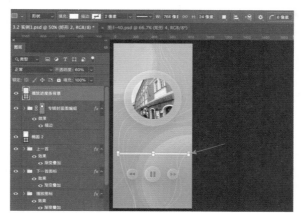

图2-42

（2）双击"播放进度条背景"图层，调出"图层样式"窗口，勾选添加"渐变叠加"图层样式，设置"不透明度"为100%、渐变样式为"蓝色_01"、"角度"为0度、"缩放"为150%，如图2-43所示。

图2-43

（3）绘制进度条。选中"播放进度条背景"图层，按Ctrl+J组合键复制一个图层，重命名为"进度"，并将图层的"不透明度"修改为100%；再按Ctrl+T组合键，使用自由缩放控制手柄缩短复制的矢量形状横向宽度，如图2-44所示。

（4）双击新复制的"进度"图层，打开"图层样式"窗口，调整该图层的渐变效果，将渐变样式修改为"紫色_07"，其他参数值不变。

（5）为进度条添加投影效果。在"进度"图层的"图层样式"窗口中进行操作，先勾选"投影"图层样式，将投影颜色改为#31008b，设置"不透明度"为30%、"角度"为90度、

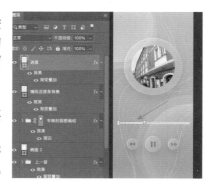

图2-44

"距离"为24像素、"大小"为60像素。单击 ➕ 按钮，添加第二个"投影"样式，设置"不透明度"为20%、"距离"为12像素、"大小"为15像素，如图2-45所示。

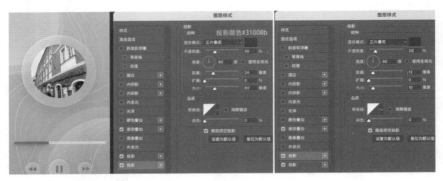

图2-45

3．添加文字

（1）添加歌曲名称作为最主要的文字元素。按T键选择文字工具，将字符大小设置为60点、排列设置为居中分布、颜色色值设置为# 3518b2，字体样式、位置参考图2-46。设计师可以选择自己喜欢的字体，这里建议使用粗体字作为重要信息的字体，以加强重要信息与其他辅助信息字体的对比效果。

（2）添加其他辅助文字，如歌曲专辑名称、进度时间码、歌曲时长等。将文字颜色色值统一改为#2d2e5e，字体大小改为40，字体粗细、大小、位置参考图2-47。

图2-46

图2-47

4．绘制底部的辅助功能按钮

最后绘制一排扁平化风格的底部辅助按钮。

（1）绘制"收藏"图标。选择矢量形状工具中的多边形工具，如图2-48所示。然后在工具属性栏中将多边形的边数设置为5，圆角设置为6像素。单击多边形设置的齿轮图标 ⚙，在弹出的多边形属性面板中将"星形比例"设置为60%，如图2-49所示。

（2）在工具属性栏中将"填充"色值设置为#3518b2，"描边"设置为无。在下方绘制一个五角星图标，代表"收藏"功能，其大小和位置如图2-50所示。绘制完毕，按5键将多边形矢量形状的图层不透明度改为50%。

（3）绘制"播放列表"图标。选择矩形工具，其填充色、描边和圆角参数都保持不变，在星形收藏图标右侧绘制一个由三条细横线组成的图标，代表"播放列表"功能。图标绘制完成后，按5键将播放列表的图层不透明度改为50%，如图2-51所示。

图2-48

图2-49

图2-50

图2-51

（4）绘制"分享"图标。选择钢笔工具，设置绘制模式为"形状"、"填充"为无、"描边"为6像素，"填充"色值保持不变为#3518b2，单击━━✓弹出描边选项，将"端点"设置为"圆头"，"角点"设置为"圆角"。参数设置完毕，在播放列表图标右侧绘制一个形状参考图2-52的图标，将图层的"不透明度"设置为50%。最后将3个形状图层同时选中，按Ctrl+G组合键进行编组，并重命名为"分享"，如图2-52所示。

（5）绘制"更多"图标。选择椭圆工具，将"填充"色值再次设置为#3518b2、"描边"设置为无，然后按住Shift键绘制3个小的正圆形上下排列，如图2-53所示。将图层不透明度改为50%。

图2-52

图2-53

（6）将4个图标排列整齐。将刚才绘制的"更多"图标所在图层重命名为"更多"，星形收藏图标所在图层重命名为"收藏"，播放列表图标所在图层重命名为"播放列表"，然后将"更多"图标移动到合适的位置，直至与界面右端的距离和"收藏"图标与界面左端的距离相同，也就是左右平衡，如图2-54所示。

同时选中4个图标所在图层，选择移动工具，使这4个图标水平分布并对齐，如图2-55所示。

图2-54

图2-55

微课

实例2

2.3 实例2："石膏"质感的计时器表盘设计

本实例将制作一个"轻拟物"风格的计时器界面，其中拨盘和按钮有一种轻柔的立体感，用浅冷白的主体色加上柔和、平缓的大面积阴影来模拟石膏的质感。

这种微妙的立体感和物体质感尝试向用户传递更有触感的界面交互体验，又尽量避免过多的写实细节干扰用户聚焦界面操作。本实例的制作将灵活运用多种阴影样式叠加的效果来创建坡度非常平缓的立体感，完成后的效果如图2-56所示。

图2-56

★ 资源位置

🖼 实例位置　实例文件>第2章>实例2："石膏"质感的计时器表盘设计.psd

🎬 视频名称　视频文件>第2章>实例2："石膏"质感的计时器表盘设计.mp4

⚙ 设计思路

（1）本实例的核心是"石膏"质感，而"石膏"质感的特点是表面没有任何高光和反光，而且阴影和明暗面的过渡非常柔和，暗面的阴影可以通过深色的投影图层样式模拟，明亮面同样可以用投影图层样式模拟，只不过阴影颜色采用白色。这样两组阴影通过不同的角度结合起来，便能创建出石膏物体柔和的明暗立体效果。

（2）石膏物体是白色的，因此整体的界面色彩风格采用冷白色的色调，阴影则注意不宜用纯黑色，要有一定的色彩倾向，使得整个界面更加清爽透气。

2.3.1 绘制页面背景和主体时间拨盘 🔍

1. 使用渐变图层样式绘制页面背景

（1）打开Photoshop，按Ctrl+N组合键新建一个空白文档，并命名为"2.3 实例2"，将其宽度设置为856、高度设置为1852，单位为像素。

（2）双击"背景"图层，转换为普通图层，重命名为"底层背景"。

（3）在转换为普通图层后，再次双击该图层，调出"图层样式"窗口，勾选"渐变叠加"图层样式添加一个渐变样式，单击"渐变"色条，弹出"渐变编辑器"窗口，将渐变色条左右两端色值分别设置为#cedfff和#edf5fc，设置"不透明度"为100%、"样式"为"线性"、"角度"为-90度、"缩放"为120%，如图2-57所示。

图2-57

2．绘制中央拨盘的主体

（1）选择椭圆工具，设置绘制模式为"形状"、"填充"色值为# edf5fc、"描边"为无，在界面中央上方按住Shfit键绘制一个正圆形，大小和位置参考图2-58。绘制完成后，重命名该形状图层为"拨盘主体"。

（2）双击"拨盘主体"图层，调出"图层样式"窗口，勾选"投影"图层样式，设置投影的"混合模式"为"正片叠底"、投影颜色色值为#4a50da、"不透明度"为15%、"角度"为135度、"距离"为90像素、"扩展"为10%、"大小"为150像素，如图2-59所示。

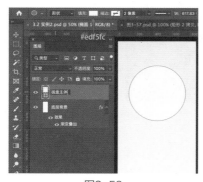

图2-58

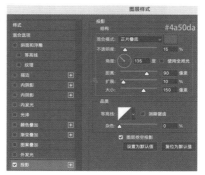

图2-59

（3）单击"投影"样式右端的"添加"按钮，设置投影的"混合模式"为"正常"、投影颜色为纯白色、"不透明度"为90%、"角度"为-45度、"距离"为80像素、"扩展"为10%、"大小"为180像素，可以看到界面上已经初步有了一个平缓凸起的圆盘，效果如图2-60所示。

3．为拨盘添加细节

（1）选中形状图层"拨盘主体"，按Ctrl+J组合键复制，将复制得到的图层重命名为"拨盘内

图2-60

陷"，按Ctrl+T组合键调出自由缩放控制手柄，按住Alt键进行以圆心为轴心的中央缩放，需缩小一圈，大小参考图2-61。

双击打开"图层样式"窗口，勾选"渐变叠加"图层样式，设置"混合模式"为"正常"、渐变色条两端色值分别为#e4ecff和#f5faff、"不透明度"为100%、"角度"为-45度、"缩放"为100%，如图2-62所示。

图2-61

图2-62

（2）修改投影样式，创建轻薄的内凹立体效果。选择第一个投影样式，设置"不透明度"为100%、"角度"为135度、"距离"为6像素，"扩展"和"大小"均为0。选择第二个投影样式，设置"角度"为-45度、"距离"为6像素，"扩展"和"大小"均为0。参数设置和修改后的效果如图2-63所示。

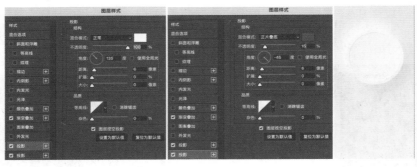
图2-63

4. 绘制计时器进度条

（1）选中形状图层"拨盘主体"，按Ctrl+J组合键复制该图层，并将复制出的图层重命名为"时间进度条"。按Ctrl+T组合键调出自由缩放变换手柄，然后按住Alt键拖曳手柄对该图层进行缩放，使其大致位于两个圆形之间，如图2-64所示。

（2）按A键切换到路径选择工具，选中形状图层"时间进度条"的形状路径，再选择钢笔工具，并将鼠标指针移到形状图层"时间进度条"的形状路径上，可以发现鼠标指针变成钢笔图标，此时单击可以在路径上添加锚点。在形状图层"时间进度条"的圆形路径右下角添加一个锚点，如图2-65所示。

（3）用鼠标右键单击路径选择工具，在弹出的面板中选择直接选择工具。按住Shfit键选中图2-66所示的两个锚点，然后按Delete键删除这两个锚点，以使原来完整的圆形变成一段断开的弧形，如图2-67所示。

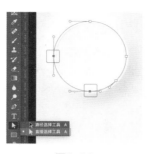

图2-64　　　　　　图2-65　　　　　　　　图2-66　　　　　　　　　　图2-67

（4）删除锚点后，路径形状当前处于被选中状态，在确认使用工具是直接选择工具后，修改工具属性栏中的参数，可以同步更新当前选中路径的样式。将"填充"改为无，将"描边"改为任意一种颜色，因为后面还会叠加图层样式，所以这里将描边粗细设为12像素，然后将"描边选项"中的"端点"改为圆头，如图2-68所示。

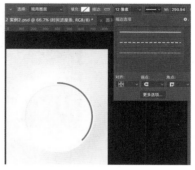

图2-68

（5）双击形状图层"时间进度条"，弹出"图层样式"窗口，勾选"渐变叠加"图层样式，并取消勾选第一个"投影"样式，设置渐变色条左右两端的色值分别为#219eff和#703eff、"角度"为-90度、"缩放"为100%，如图2-69所示。

图2-69

（6）修改时间进度条的投影效果。勾选"投影"图层样式，设置其"不透明度"为50%、"距离"为6像素、"扩展"为0、"大小"为15像素，如图2-70所示。

（7）添加时间数字。使用文字工具在拨盘中央添加数字，颜色参考值为#031179，前面的一组数字使用粗体字，斜线及其后面的数字使用细体字，将其不透明度改为60%，如图2-71所示。

图2-70　　　　　　　　　　　　　　　　图2-71

2.3.2 绘制下方的按钮组

1. 绘制按钮的背景

（1）选中图层"拨盘内陷"和"拨盘主体"，按Ctrl+G组合键对它们进行编组，并重命名为"凸起表盘"。保持编组"凸起表盘"为选中状态，按Ctrl+J组合键复制该编组图层，并重命名为"按钮1背景"，如图2-72所示。

（2）选中编组图层"按钮1背景"，按Ctrl+T组合键对其进行缩放和移动，调整后的大小和位置如图2-73所示。

图2-72

图2-73

（3）展开编组图层"按钮1背景"，选中其中的"拨盘内陷"图层，并重命名为"按钮内陷"，将编组图层"按钮1背景"下的"拨盘主体"图层重命名为"按钮主体"，按Ctrl+T组合键调出缩放移动手柄，按住Alt键适当缩小一点（缩小幅度可以由设计者按自己偏好而定）。

双击"按钮主体"图层，调出"图层样式"窗口，设置第一个"投影"样式"不透明度"为100%、"距离"为60像素、"扩展"为6%、"大小"为100像素，设置第二个"投影"样式的"距离"为40像素、"扩展"为5%、"大小"为70像素。最终效果如图2-74所示。

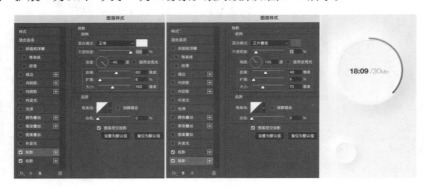

图2-74

（4）选中编组图层"按钮1背景"，按Ctrl+J组合键复制，将复制出的新编组图层重命名为"按钮2背景"，并将其移动到界面右边，与"按钮1背景"左右布局对称，如图2-75所示。

2. 绘制按钮图标并添加辅助文字

（1）添加按钮图标。切换使用矩形工具，设置"填充"色值为#8f93e7、"描边"为无、"圆角大小"为12像素，按住Shift键，在左边按钮的中央绘制一个小正方形作为取消按钮，再在右边的按钮上绘制两个窄矩形作为暂停按钮，如图2-76所示。

（2）选择文字工具，将色值设置为#031179，编辑并添加文字内容，为两个按钮添加辅助文字Cancel、Pause和为页面标题添加文字Timer，将字体均设置为细

图2-75

体。其中，将Cancel和Pause的字体大小设置为45、图层不透明度设置为60%、标题Timer的字体大小设置为66，如图2-77所示。

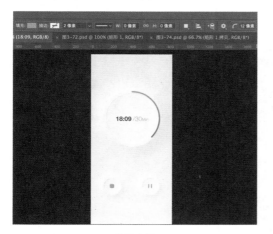

图2-76

图2-77

2.4 实例3：清新轻拟物风格的日历组件

本实例将制作一个局部轻拟物风格的立体装饰效果和主体扁平化风格的日历组件。这种日历组件多见于选择日期范围的场景。本实例中的立体效果是一种比较克制的局部装饰效果，但是仍然需要刻画一定的细节。如今的智能手机屏幕分辨率都非常高，即使是界面局部，细节设计仍然是非常有必要的。完成后的效果如图2-78所示。

📁 资源位置

🖼 实例位置 实例文件>第2章>实例3：清新轻拟物风格的日历组件.psd

🎬 视频名称 视频文件>第2章>实例3：清新轻拟物风格的日历组件.mp4

图2-78

⚙ 设计思路

（1）本实例的核心是为选择的日期范围创建识别度高、重点突出的立体效果，让用户快速了解自己选择了哪个日期范围，以确保不会选错。

（2）组件的其他部分主体采用扁平化简约风格，但是在部分按钮上仍然保留一定的立体细节刻画：按钮在常态时是扁平的，在被按下时则呈现出立体的凹陷效果。这样可以给用户在交互过程中带来小小的惊喜感，这是用户体验衡量中很重要的一个环节：体验的愉悦感。

2.4.1 绘制组件主体背景和编排日历数字 🔍

1. 绘制组件背景

（1）打开Photoshop，按Ctrl+N组合键新建一个空白文档，并命名为"2.4 实例3"，将宽度和高度均设置为1280像素，与上一个实例相同。

（2）双击默认的"背景"图层，转换为普通图层，并重命名为"底层背景"。

（3）双击"底层背景"图层，调出"图层样式"窗口，在左侧栏勾选"渐变叠加"图层样式，添加一个渐变样式，单击"渐变"色条，弹出"渐变编辑器"窗口，将渐变色条左右两端的色值分别设置为#cedfff和#edf5fc，设置"不透明度"为100%、"样式"为"线性"、"角度"为-90度、"缩放"为120%，如图2-79所示。

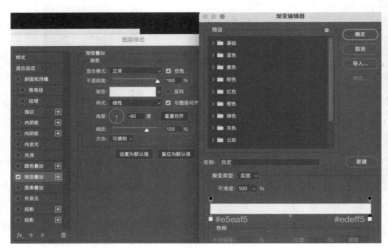

图2-79

2. 绘制组件主体

（1）选择矩形工具，将"填充"颜色设置为纯白色、"描边"设置为无、圆角大小设置为120像素，按住Sift键绘制一个正方形，大小和位置如图2-80所示，并将图层重命名为"组件主体"。

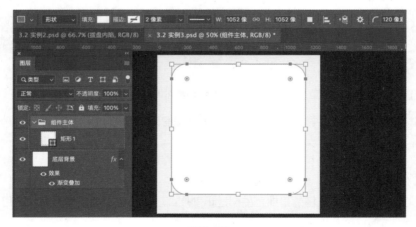

图2-80

（2）双击编组图层"组件主体"，调出"图层样式"窗口，在左侧栏勾选"投影"图层样式，添加一个"投影"图层样式，设置"混合模式"为"正片叠底"、投影颜色为#4a50da、"不透明度"为12%、"角度"为90度、"距离"为120像素、"扩展"为0%、"大小"为60像素。再单击 按钮添加第二个投影效果，设置其"混合模式"为"正片叠底"、"不透明度"为8%、"距离"为40像素、"大小"为30像素，最终效果如图2-81所示。

（3）选择路径选择工具，选中形状图层"矩形1"的矩形路径，按Ctrl+C组合键复制路径，然后切换选中编组图层"组件主体"，按Ctrl+V组合键粘贴路径，此时自动生成一个形状与"矩形1"完全相同的矢量蒙版。

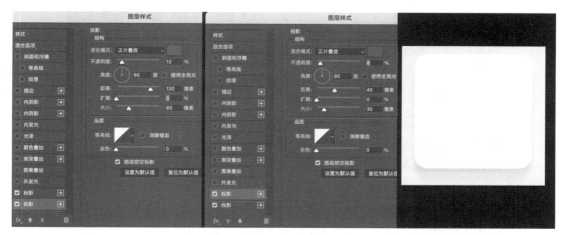

图2-81

3. 绘制组件标题栏

（1）选择矩形工具，设置"填充"颜色为蓝色（任意颜色均可，因为后面要叠加渐变图层样式）、"描边"为无、圆角大小为18像素，然后在编组图层"组件主体"内绘制一个新的矩形，绘制完成后移动新绘制的蓝色矩形两边的自由缩放手柄，使其与背景的白色矩形两边对齐，以作为日历组件的标题背景栏，并重命名为"标题栏背景"，效果如图2-82所示。

图2-82

（2）用鼠标右键单击编组图层"组件主体"，在弹出的菜单中选择"复制图层样式"选项，再切换选中蓝色形状图层"标题栏背景"，单击鼠标右键，在弹出的菜单中选择"粘贴图层样式"选项，为标题栏背景添加投影效果，如图2-83所示。

图2-83

（3）调整标题栏背景的投影样式。双击蓝色形状所在图层"标题栏背景"，调出"图层样式"窗口，设置第一个"投影"图层样式的"不透明度"为60%、"距离"为15像素、"大小"为36像素。然后调整第二个"投影"样式的"不透明度"为60%、"距离"为15像素、"大小"为36像素，如图2-84所示。

（4）勾选"渐变叠加"图层样式，设置渐变条预设为"蓝色_24"、"不透明度"为100%、"角度"为180度、"缩放"为150%，如图2-85所示。

（5）添加标题文字。按T键切换到文字工具，设置"字体"为粗体字、"字体颜色"为纯白色、"大小"为72、字符的字距🔲为200，再输入文字内容"JUNE"，如图2-86所示。

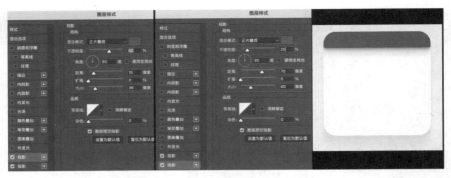

图2-84

图2-85

图2-86

4. 添加日期数字和星期，绘制日历视图

（1）选择文字工具，设置字体大小为48、字体色值为#666597、"不透明度"为30%。再输入Sun、Mon、Tue、Wed、Thu、Fri、Sat7个单词，它们的排布位置如图2-87所示。

（2）将字体设置为细体字，字体颜色设置为深蓝色，输入5行数字（每行7个数字）作为日历月视图，这里需要注意最后一行的1~5这几个数字属于下个月，因此需要将不透明度降低50%，效果如图2-87所示。

图2-87

2.4.2 绘制已选择日期范围的效果样式

1. 绘制选择范围的背景

（1）选择矩形工具，将"填充"设置为纯白色、"描边"设置为无，在第4行数字从23~28绘制一个矩形，大小和位置如图2-88所示。将矩形4个角上的圆角调节手柄 ◎ 向内拖曳，直至矩形变

为胶囊形状，如图2-88所示。

（2）将最新绘制的这个胶囊形状图层重命名为"日期范围背景"，并放到月视图数字组和星期字符组图层下方。双击图层"日期范围背景"调出"图层样式"窗口，在其中勾选"渐变叠加"图层样式，将渐变色条左右两端的色值分别设置为#cad8f3和# e5edf8、"角度"设置为-87度，"缩放"设置为100%。勾选"描边"图层样式，将"大小"设置为5像素。

图2-88

勾选并添加两个"投影"图层样式，设置第一个"投影"图层样式的"混合模式"为"滤色"、颜色为纯白色、"不透明度"为100%、"角度"为-45度、"距离"为30像素、"大小"为45像素。设置第二个"投影"图层样式的"混合模式"为"正片叠底"、颜色色值为#4a50da、"不透明度"为8%、"角度"为135度、"距离"为36像素、"大小"为60像素。最终效果如图2-89所示。

图2-89

（3）为日历组件主体添加一个底色，以进一步凸显日期选择范围样式的立体效果。选中矢量形状图层"矩形1"，双击该图层弹出"图层样式"窗口，勾选"渐变叠加"图层样式，设置渐变色条左右两端的色值分别为##e6ebf2和#ffffff、"角度"为-87度、"缩放"为100%，如图2-90所示。

图2-90

2．绘制添加两个选日期的手柄组件

（1）切换选中顶部的蓝色形状图层"标题栏背景"，按Ctrl+J组合键复制出一层新的相同的图层，重命名为"选择入住日期手柄"，然后缩放大小，并将其移至图2-91所示的位置。向内拖曳调节手柄◎，将圆角调大直至矩形成为一个胶囊形状，随后将数字23的字符颜色改为白色、内容编辑为"23 in"、数字23的字体改为粗体，如图2-92所示。

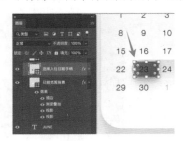

图2-91   图2-92

（2）修改选日期手柄的图层样式。双击图层"选择入住日期手柄"调出"图层样式"窗口，勾选"渐变叠加"图层样式，将渐变色条左右两端的色值分别设置为#2c17cd和#2871fa、"角度"设置为120度、"缩放"设置为150%，如图2-93所示。添加两个投影样式，设置第一个投影样式的投影颜色为#4a50da、混合模式为"正片叠底"、"不透明度"为50%、"角度"为90度，"距离"为8像素、"大小"为15，设置第二个投影样式的"不透明度"为15%、"距离"为30、"大小"为30，其他参数和第一个投影样式的参数一样，如图2-93所示。

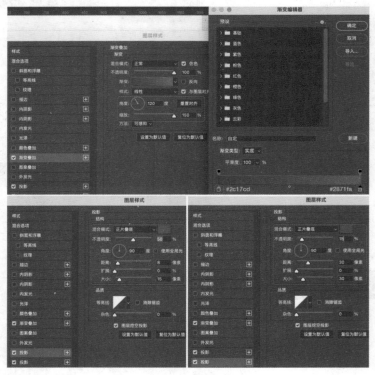

图2-93

（3）勾选"内阴影"图层样式，设置"混合模式"为"滤色"、"不透明度"为40%、"角度"为120度、"距离"为3像素、"大小"为1像素。最终效果如图2-94所示。

（4）选中样式调整完毕的"选择入住日期手柄"，按Ctrl+J组合键复制，重命名为"选择离开日期手柄"，将其移动到右侧，并将数字28改为纯白色粗体字、内容改为"28 out"，如图2-95所示。

图2-94　　　　　　　　　　　　　图2-95

2.4.3　绘制底部的两个按钮

1. 绘制左侧按钮

（1）左侧按钮为未单击的正常状态，采用扁平化设计，没有任何装饰。选择矩形工具，将"填充"设置为#e6ebf2、"描边"设置为无，并将圆角调到100，这样绘制出来的矩形只要高度不超过200，就会是一个胶囊形状。绘制大小和位置如图2-96所示。然后将图层重命名为"左侧按钮"。

（2）使用文字工具在左侧按钮中输入文字"CANCEL"，设置字体大小为48、字体颜色为#5d637a、字体为细体，如图2-97所示。

图2-96　　　　　　　　　　　　　图2-97

2. 绘制右侧按钮

（1）选中图层"左侧按钮"，按Ctrl+J组合键复制，并重命名为"右侧按钮"，将其移动到右侧。

（2）双击图层"右侧按钮"，调出"图层样式"窗口，依次勾选添加"描边"、两个"内阴影"、"渐变叠加"和"投影"共5个图层样式。

设置"描边"图层样式的"大小"为3像素，"位置"为外部，颜色为纯白色。

设置第一个"内阴影"图层样式的"混合模式"为"正片叠底"，"不透明度"为33%，颜色为#8894f1，"角度"为135度，"距离"为24像素，"大小"为36像素。

设置第二个"内阴影"图层样式的"混合模式"为"滤色"，"不透明度"为100%，颜色为纯白色，"角度"为-45度，"距离"和"大小"与第一个"内阴影"图层样式相同。

设置"渐变叠加"图层样式的"不透明度"为100%，渐变色条左右两端的色值分别为#cad8f3和#e5edf8，"角度"为-87度。

　　设置"投影"图层样式的"混合模式"为"正片叠底"，颜色为#4a50da，"不透明度"为8%，"角度"为135度，"距离"为36像素，"大小"为60像素。具体参数设置和最终效果如图2-98所示。

　　由此，按钮被单击按压后的"凹陷"效果创建完成。

　　（3）添加右侧按钮的文字。选择文字工具，设置字体大小为48、颜色为#412ef5，字体建议设为regular，该字体比细体更粗，但比粗体更细。然后输入文字"CONFIRM"，如图2-99所示。

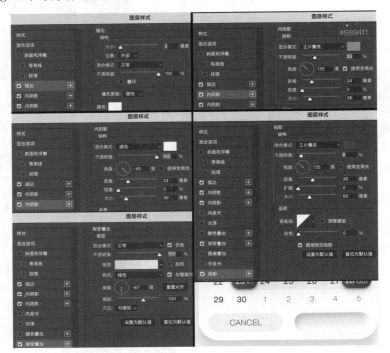

图2-98

图2-99

2.5 拓展训练：融合不同轻拟物质感的界面设计

　　本实例将综合运用前面实例学习的技巧，将磨砂玻璃、石膏质感凸起等不同拟物风格整合到一个界面中。最终效果如图2-100所示。

微课

拓展训练

图2-100

⭐ **资源位置**

🖼 **实例位置**　实例文件>第2章>拓展训练：融合不同轻拟物质感的界面设计.psd

🎬 **视频名称**　视频文件>第2章>拓展训练：融合不同轻拟物质感的界面设计.mp4

⚙ **操作步骤**

（1）界面中最主要的元素是5张日历事件卡片，它们均可以用矩形工具绘制，并使用"渐变叠加""投影"等图层样式来实现效果。其中，前面的3个实例中已经多次练习。这5张卡片的主要区别是颜色，分别是蓝色、红色、黄色，如图2-101所示。

（2）有了这个底，制作磨砂玻璃效果就简单了。先将这些卡片以及下面的时间轴、浅灰色分割线和白色底全部编组，然后转为智能对象，并复制一层。用矩形工具绘制一个较大的矩形作为复制的智能对象图层的矢量蒙版，为复制的智能对象图层添加一个"高斯模糊"滤镜，之后只需要再添加一层半透明的浅色渐变效果，基础的磨砂玻璃效果就做出来了，如图2-102所示。

图2-101

（3）卡片中两个凸起元素的制作方法和实例2中的"石膏质感拨盘"相同，只需要将形状由圆形改为圆角矩形，再使用文字工具添加不同大小、颜色、粗细的字符元素，如图2-103所示。

图2-102　　　　　　　　　　　　　　　　　　　　　　　　图2-103

（4）左侧的月视图组及其代表今天的蓝色标识和右上角的标签切换组件都相对简单，没有用到很复杂的图层样式，使用一个"渐变叠加"和两个"投影"即可。两个"投影"图层样式可以创建更丰富生动的阴影效果，具体请参考实例3中日历组件标题栏背景的投影样式制作。

第 **3** 章

移动端 App 的卡片设计

本章导读

本章主要学习使用Photoshop设计移动端App界面中常见的卡片。卡片在UI设计中是一种综合性的信息集合组件，能够将媒体（含图片、视频）、文字等多种形态的信息整合在一个组件中，在为用户提供丰富信息的同时，还能使界面保持清晰的组织分类，而且自身设计可以非常灵活，适应性极强，是一种非常常见和好用的UI元素。

学习要点

❖　UI设计中卡片的类型和应用场景
❖　2.5D风格的天气卡片设计
❖　音乐卡片设计
❖　日程卡片设计
❖　数据可视化卡片设计

3.1　移动端App界面中的卡片设计

3.1.1　UI中的卡片是什么

卡片在日常生活中是一类非常常见的物品，如银行卡、会员卡、消费卡、公交卡、名片等。在UI设计中，卡片同样是常见的UI组件，一般用于信息功能的组织分类，即将相似或相关的功能信息汇聚到一张卡片上，以便清晰地组织起整个界面的布局。例如，在一个视频应用中，每一个视频内容就是一张卡片，上面可能会包含视频封面图、视频标题、播放量、留言、评论量、弹幕量、所属专辑、频道和一个"更多"入口的图标（一般是由3个点组成的图标，代表"更多"入口），如图3-1所示。

图3-1

iOS中的组件类似于安卓系统的widget，是一种卡片类的UI元素，由多张大小不一、不同应用的卡片组成。如图3-2所示，有作为智能汽车应用的第一张卡片，包含解锁、寻车、开后备箱、空调控制4个功能，以及当前汽车电量续航信息。第二张卡片是一张日程列表卡片，包含今天的日期、今明两天的日程信息。第三张卡片是一张地图导航卡片，包含3个快捷操作：回家、公司和添加。第四张卡片是一张音乐卡片，汇聚了"每日30首""喜欢""已播""识曲""搜索"5个信息功能入口。用户通过这些卡片上外露的快捷入口，可以快速直达自己想去的界面。

笔者认为，UI设计中的卡片组件实际上很好地利用了格式塔心理学进行界面设计优化。格式塔心理学中有七大原则，其中接近性原则、连续性原则在UI设计中非常常见。

对于相互靠近的信息板块，人们很容易将其看成是一体的或相关的信息来阅读和理解。将相关的信息组织在一张卡片范围内，从视觉上相互靠近，而与其他卡片的信息拉开明显的距离，可以降低用户阅读界面时的认知负担。

图3-2

 小提示

格式塔心理学又称为完形心理学，是西方现代心理学的主要学派之一。其最基础的发现是：人类视觉是整体的。我们的视觉系统自动对视觉输入构建结构，并在神经系统层面上感知形状、图形和物体，而不是只看到互不相连的边、线和区域。

格式塔心理学包含7个原则：接近性原则、相似性原则、连续性原则、闭合性原则、简单对称性原则、主体与背景原则、共同命运原则。

人类的视觉感知也更倾向于连续的形式而不是离散的碎片，这就是连续性原则。卡片正是将诸多信息元素组织在一个共同的连续的范围内，让用户更容易感知、阅读和理解，从而优化他们的体验。

典型的应用场景就是图3-1所示的视频应用页面，每一个独立的视频内容都通过一张张卡片来组织信息。当用户看到这个界面时，首先看到的不会是一个个离散的信息（如每个视频各自的标题、各自的播放评论量等），而是一张张卡片，分别阅读卡片上的信息后，阅读整个界面会更加容易。

学习与理解格式塔心理学对做好UI设计有很大的帮助。感兴趣的读者可以进一步查阅相关书籍和资料进行详细、系统的学习。

3.1.2 卡片的常见应用场景 🔍

其实，几乎所有类型的应用都可以运用卡片来组织自己的信息、功能。在移动端应用中，应用卡片设计的场景通常可以分为两大类。

（1）类似iOS桌面上的小组件或者安卓系统的widget，作为应用的轻量化体验功能载体。

（2）在应用内部的界面设计中，作为组织分类信息的载体。

第一类卡片的应用场景通常是音乐、天气、日历、地图导航这4类。它们有一个共同的特点，那就是核心功能很突出。例如，音乐——听歌，天气——看天气预报，日历——看时间、日期和日程，视频——观看视频，地图导航——导航到某个目的地。这些应用中的任何其他信息和功能都是用来辅助这些核心功能的。使用这些应用的用户在大部分场景下都只需要使用这些核心功能，并且一般不会长时间停留在应用界面内，而是找到核心功能并启用后，就离开或者让应用在后台运行。所以桌面上的小组件通常都承载了核心功能的入口，如音乐应用的播放/暂停，地图导航的"回家/上班""停车/充电"，天气应用的当地天气预报，日历的当前日期和当天日程信息等，如图3-3所示。

第二类卡片应用场景是在应用内部作为组织信息分类的载体。例如，在视频应用中，一组视频合集是一张卡片；在旅游类应用中，一个推荐景点是一张卡片；在电商类应用中，一个推荐商品是一个卡片。这类卡片有一个共同点，那就是图片通常是非常主要的视觉元素，其次是信息类别比较多。例如，视频内容或者商品内容除了封面图，通常还有播放数、评论数、点赞数、所属作者、评分评级等众多信息。将如此多的信息加以组织布局，卡片是最合适的载体。通常以卡片为主体的页面大多采用瀑布流式布局。

图3-3

　小提示

瀑布流是一种页面信息布局方式，它的页面空间和内容都是无限的。用户可以一直往下滚动浏览，会持续不断地有内容加载出来。页面视觉设计采用错落有致的多栏布局，可以有效缓解长时间浏览页面过程中产生的视觉疲劳。这种布局在移动端多见于图片浏览网页，或者应用的推荐内容首页，如下图所示。

3.2　实例1：2.5D风格的天气卡片设计

微课

实例1

本实例将制作一组2.5D风格的天气卡片，其中决定主体视觉风格的采用2.5D立体风格的主要是天气图标，包含太阳、多云、雷雨3种。

本实例主要用到了Photoshop中的图层样式，最终效果如图3-4所示。

本实例的核心是"2.5D风格"的立体质感。所谓2.5D风格，是一种呈现3D效果，但基本没有近大远小的焦点透视，而是所有结构线基本平行的效果。2.5D风格作为一种特殊的3D风格，既能与扁平化视觉风格融合得比较自然，又能为比较简约的扁平化界面增添一抹亮点，强化整个界面的视觉张力。

2.5D风格实际上在其他绘图设计软件已经有可以快速、自动实现效果的插件了，但是这里之所以使用Photoshop来手动绘制，是为了更好地理解、实践并掌握Photoshop绘制界面的各种基础实用技巧，以及深入理解渐变、描边、阴影等常用图层样式的多样化应用技巧。

图3-4

⭐ **资源位置**

🖼 **实例位置**　实例文件>第3章>实例1：2.5D风格的天气卡片设计.psd

▶ **视频名称**　视频文件>第3章>实例1：2.5D风格的天气卡片设计.mp4

⚙ **设计思路**

（1）2.5D风格的天气图标均采用矢量形状来绘制。

（2）本实例不会使用难度较大、较复杂的技巧，基本上只需要用到几种图层样式，主要依靠细节刻画和绘画基本功来绘制立体阴影效果。

（3）太阳和雷雨图标还用到了发光效果，它们是结合了"外发光"图层样式、"模糊"滤镜以及"渐变叠加"图层样式等多种技巧来绘制的。

3.2.1 **绘制第一张卡片**　🔍

1. 新建文档

（1）打开Photoshop，按Ctrl+N组合键新建一个空白文档并命名，设置"宽度"为1080像素、"高度"为1920像素，如图3-5所示。然后单击"创建"按钮。

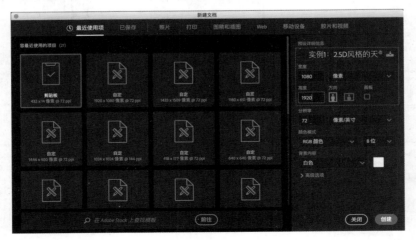

图3-5

（2）新建一个空白文档，双击背景图层，将其转换为普通图层，并命名为"底层背景"，如图3-6所示。

图3-6

2. 使用图层渐变样式为背景绘制深色底色

（1）双击"底层背景"图层，打开"图层样式"窗口，勾选"渐变叠加"图层样式，为图层先叠加一个默认渐变效果，再将"角度"修改为120度，如图3-7所示。

图3-7

（2）单击"渐变"色条，打开"渐变编辑器"，双击"渐变编辑器"下方色条两端的下侧手柄，打开"拾色器"编辑颜色，将左右两端的色值分别修改为#1b1d21和#2f3438，如图3-8所示。

图3-8

3. 绘制第一张卡片的背景

（1）第一张是晴天卡片，天气图标是太阳。在工具栏中选择矩形工具，然后在工具属性栏中设置绘制模式为"形状"、填充为任意颜色、描边为无，绘制矢量形状图层。因为后续要为这个矢量形状图层添加各种图层样式效果，所以这个矩形在绘制前的填充、描边的颜色参数都无关紧要。设置完矢量形状的参数后，在新建文档的画布范围内任意空白处单击，弹出"创建矩形"对话框，设置"宽度"为960像素、"高度"为500像素、圆角半径为60像素，然后单击"确定"按钮创建圆角矩形矢量形状，如图3-9所示。

图3-9

（2）调整圆角矩形的位置。按Ctrl+T组合键调出缩放变换手柄，在工具属性栏中将X设置为540像素、Y设置为370像素，也就是将圆角矩形水平居中，并放置在画布上方，如图3-10所示。

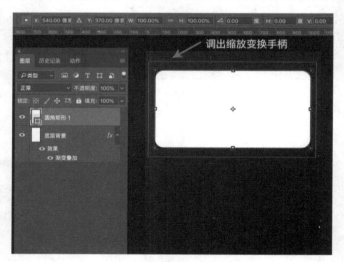

图3-10

（3）为圆角矩形卡片添加渐变图层样式。双击"圆角矩形 1"图层，打开"图层样式"窗口，勾选"渐变叠加"图层样式，将"角度"设置为128度，渐变色条左右两端的色值分别设置为#2a2e36和#353b3f，如图3-11所示。

（4）为卡片再添加一个"阴影"图层样式，设置阴影的色值为#090d13、"不透明度"为24%、"角度"为90度、"距离"为20像素、"大小"为100像素，效果如图3-12所示。

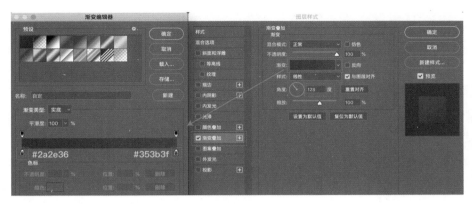

图3-11

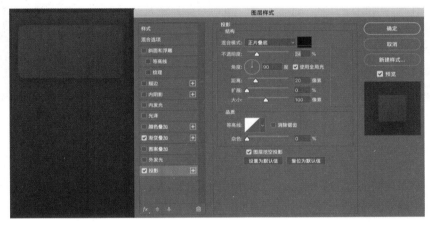

图3-12

4．为第一张卡片添加文字元素

文字元素包含日期、城市名称、当前温度、当天的最高温度/最低温度等信息。添加文字信息内容及其字体设置如下。

（1）"24℃"，字体为Helvetica Neue（Helvetica系列字体是苹果电脑和手机系统的官方字体），字重为Thin，字体大小为120点。

（2）"/18-27℃"，字体为Helvetica Neue，字重设为Light，字体大小为42点。这里运用了设计构成与排版基础中的"对比"技巧，以强烈的大小对比来强化设计感。"对比"是一种非常常用且实用的排版设计基础技巧。

（3）"2022/09/30. Shanghai"，字体为Helvetica Neue，字重为Bold，字体大小为42点。注意在同一个页面空间的排版布局中，字体样式的种类和字体大小尽量不要太多。另外，这里的Bold和Light/Thin的字体粗细对比，是一种除大小以外常用的对比方式。

以上文字信息的摆放位置及最终效果如图3-13所示。

图3-13

5．为第一张卡片绘制天气图标

第一张天气卡片的天气图标是晴天，唯一的图形元素是太阳。

（1）绘制太阳的主体。选择椭圆工具，将绘制模式设置为"形状"、"填充"设置为任意一种黄色、"描边"设置为无。在第一张卡片的左侧区域大致位置单击，弹出"创建椭圆"对话框，将"宽度"和"高度"均设置为240像素，如图3-14所示。单击"确定"按钮，生成一个圆形矢量形状图层，以作为太阳的主体。按Ctrl+T组合键调出缩放移动手柄，在工具属性栏中将X设置为250像素、Y设置为300像素，如图3-15所示。

图3-14

图3-15

（2）绘制太阳的光芒形状。选择圆角矩形工具，在工具属性栏中将"半径"设置为90像素（这里不需要精确的圆角半径，只需要设一个很大的值即可，以保证最终画出来的是一个胶囊形状）。在太阳主体上方单击，弹出"创建矩形"对话框，将"宽度"设置为30像素、"高度"设置为60像素，如图3-16所示。单击"确定"按钮，创建一个胶囊形状的圆角矩形，按Ctrl+T组合键调出缩放移动手柄，在工具属性栏中将"X"设置为250像素、"Y"设置为120像素。保持新建圆角矩形图层为选中状态，按住Alt键向下拖曳鼠标，复制出一个新的胶囊圆角矩形，同样按Ctrl+T组合键调出缩放移动手柄，在工具属性栏中将"X"设置为250像素、"Y"设置为480像素。也就是说，两个胶囊形状的圆角矩形和太阳主体的圆形三者是居中对齐的，如图3-17所示。

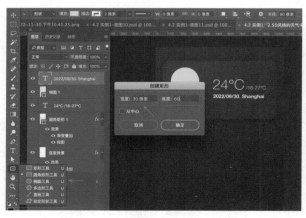

图3-16

图3-17

（3）按住Shift键选中这两个胶囊圆角矩形，再按Ctrl+G组合键编组，并命名为"光芒组1"。按Ctrl+J组合键复制出一组新的光芒图形，再按Ctrl+T组合键调出缩放移动手柄。将鼠标指针移动到手柄框右上角时，会变成旋转工具，按住Shift键向右旋转120°，用同样的方法再复制出一组光芒图形并向右旋转60°，如图3-18所示。

图3-18

（4）为太阳填色，添加"渐变"图层样式。选中太阳图形的所有图层，按Ctrl+G组合键编组，并重命名为"太阳"。双击该编组图层打开"图层样式"窗口，勾选"渐变叠加"样式，为"太阳"编组添加一个"渐变叠加"图层样式。单击渐变色条调出"渐变编辑器"窗口，将色条左端色标的颜色设置为#ff761b、位置改为75%，右端色标的颜色设置为#fffd38，位置不变，如图3-19所示。

图3-19

（5）为太阳添加发光效果。勾选"外发光"图层样式，并将颜色改为#ffdc51、"不透明度"设置为20%、"大小"设置为60%，最终效果如图3-20所示。

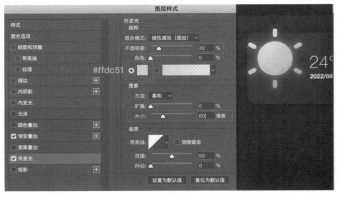

图3-20

（6）调整整体的太阳形状，模拟一定的透视效果。在图层面板中选中"太阳"编组图层，按Ctrl+T组合键调出缩放变换手柄框，用鼠标右键单击，选择弹出的快捷菜单中的"透视"选项，如图3-21所示。将鼠标指针移动到手柄框右侧中间的手柄点附近，可以看到鼠标指针右侧新出现了一个图标，此时拖曳鼠标，可以看到太阳整体发生变形，手柄框也由矩形变成了平行四边形。如果拖曳太阳形状右上角或右下角的端点，则手柄框会从平行四边形变成梯形，最终形状调整如图3-22所示。

图3-21 图3-22

6. 为天气图标制作立体效果

接下来是创建立体天气图标的重点部分：绘制厚度。

（1）复制"太阳"编组图层，并调整位置。选中"太阳"编组图层，按Ctrl+J组合键复制编组图层，并重命名为"太阳 厚度"，将"太阳 厚度"编组图层移动到"太阳"编组图层的下一层。微调"太阳 厚度"编组图层的位置，按数字键5，将"太阳 厚度"编组图层的不透明度调整为50%，最终效果如图3-23所示。

图3-23

（2）对厚度层的路径形状进行微调，进一步优化太阳的厚度效果。选中任意一个作为光芒的胶囊形状圆角矩形，按A键切换到路径选择工具，拖曳矢量形状路径的端点和曲线手柄，手动改变原来的路径形状。以其中一个光芒胶囊形状为例，形状调整如图3-24所示。

（3）使用上一步骤中同样的方法，对太阳其他部分的路径形状进行微调，最终效果如图3-25所示。

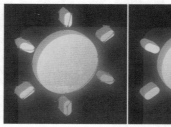

图3-24 图3-25

7. 为太阳图标制作投影

为了更进一步丰富细节，增强立体感，可以为太阳图标增加投影。

（1）绘制投影的形状。在工具栏中选择圆角矩形工具，设置"填充"为黑色、"描边"为无、"圆角"的半径为20像素，在太阳下方的大致位置绘制一个矩形，重命名为"投影"，并在图层面板中更改图层顺序至"太阳"编组图层下，如图3-26所示。

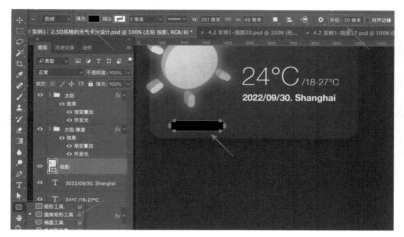

图3-26

按Ctrl+T组合键调出自由缩放变换手柄框，并切换到"透视"状态，先向上移动右侧中间的端点，再向右上方移动下侧中间的端点，最终形状调整如图3-27所示。

（2）调整投影的颜色和模糊效果。双击"投影"图层，调出"图层样式"窗口，勾选"渐变叠加"图层样式。单击渐变色条调出"渐变编辑器"窗口，色条下方的颜

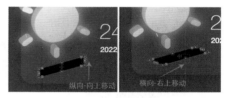

图3-27

色指示器只保留一个，将颜色色值设置为#000000，并将其位置移动到中间。色条上方的不透明度指示器需要3个，分别放置在色条的左、中、右，将放置在中间的指示器的"不透明度"设置为100、左右两端的两个不透明度指示器的"不透明度"均设置为35%；单击"确定"按钮，关闭"渐变编辑器"窗口，回到"图层样式"窗口，并将"角度"设置为-117度，如图3-28所示。

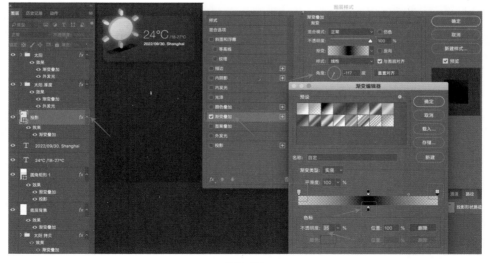

图3-28

为投影添加一个"高斯模糊"滤镜，对其做模糊处理。选中"投影"图层，执行"滤镜>模糊>高斯模糊"命令，为"投影"图层添加一个"高斯模糊"滤镜。此时弹出对话框提示添加滤镜需要将矢量形状图层转换为智能对象，单击"转换为智能对象"按钮，如图3-29所示。

图3-29

在弹出的"高斯模糊"对话框中将"半径"设置为24（仅为参考值，读者可以选择自己喜欢的模糊度），最终效果如图3-30所示。

（3）至此，一张天气卡片基本就绘制完成了。如果觉得投影过重，则可以适当调整"投影"图层的不透明度。最终效果如图3-31所示。

图3-30   图3-31

3.2.2 绘制多云天气卡片

1. 复制晴天天气卡片

（1）选中所有晴天天气卡片相关的图层，按Ctrl+G组合键编组，并命名为"晴天 卡片"。按Ctrl+J组合键复制刚编组的"晴天 卡片"，重命名为"多云 卡片"，并向下移动至合适的位置，如图3-32所示。多云天气的图标是"太阳+云"的元素，因此除了太阳，还需要绘制一个云图标。

复制出的编组图层"多云 卡片"中太阳的效果看起来和被复制的原始编组"晴天 卡片"不太一样，这是由于"渐变叠加"图层样式是以整个工程文件的画板区域为范围进行渐变的，因此复制卡片中的太阳几乎全部处于渐变中偏暗的橙色区。手动调整复制卡片中的太阳的渐变即可。

双击"多云 卡片"编组图层中的"太阳"图层，调出"图层样式"窗口，勾选"渐变叠加"图层样式，双击渐变色条调出"渐变编辑器"窗口，移动渐变色条下的手柄，如图3-33所示。"太阳 厚度"图层的渐变样式可参考以上步骤进行相应调整。

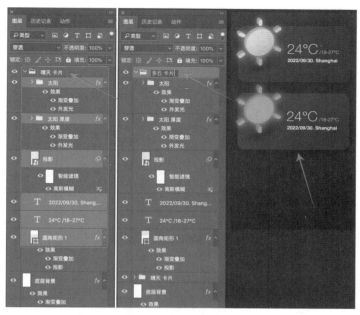

图3-32

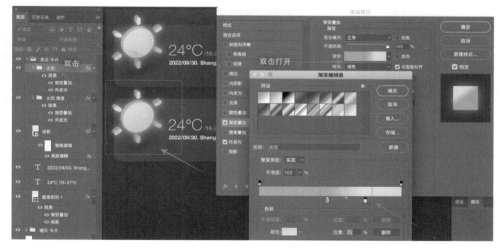

图3-33

（2）修改"多云 卡片"编组图层的文字内容，并缩小太阳图标。选中两个太阳编组图层，按Ctrl+T组合键调出自由缩放变换手柄，适当缩小多云卡片的太阳图标，为云朵图标留出足够的空间。之后修改"多云 卡片"编组图层的文字内容，如图3-34所示。

2．添加绘制云朵天气图标

（1）绘制云朵的基础形状。使用椭圆工具和圆角矩形工具绘制大小不一的3个圆形形状，以及一个圆角矩形，将它们移动摆放成云朵的形状，如图3-35所示。

（2）调整变形模拟透视效果。将4个新绘制的矢量形状所在的图层编组，并重命名为"云朵"，按Ctrl+T组合键调出自由缩放变换手柄，使用"透视"模式将云朵形状调整至图3-36所示。

图3-34

图3-35

图3-36

（3）为云朵添加渐变效果。将云朵移动到合适的位置，双击"云朵"图层调出"图层样式"窗口，勾选"渐变叠加"样式，双击渐变色条打开"渐变编辑器"窗口，将渐变色条的2手柄的色值分别设置为#bbc8e4和#ffffff，然后将"角度"设置为79度，如图3-37所示。

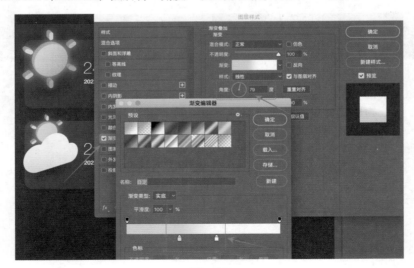

图3-37

3. 为云朵添加立体效果

（1）复制"云朵"图层，重命名为"云朵 厚度"；然后向左、向上移动一点距离，增加出厚度感。

（2）双击"云朵 厚度"图层调出"图层样式"窗口，单击"渐变叠加"右侧的"+"按钮，再添加一个"渐变叠加"图层样式，将"不透明度"设置为60%，将渐变色条左右两端的色值分别设置为#051c4d和#8693b8，如图3-38所示。

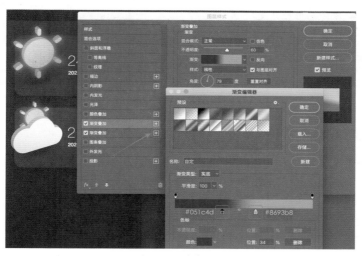

图3-38

（3）复制一层"云朵"图层并将云朵缩小，丰富云团效果。同时选中"云朵"和"云朵 厚度"两个图层，按Ctrl+G组合键编组并重命名为"云朵1"，按Ctrl+J组合键复制并重命名为"云朵2"，然后适当缩小并移动位置，将图层的"不透明度"改为90%，最终效果如图3-39所示。

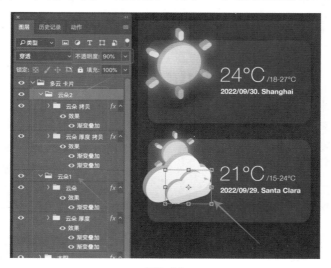

图3-39

4. 修改云团的投影

选中"多云 卡片"编组图层内的"投影"图层，将"不透明度"改为60%，适当向下移动并放大。最终效果如图3-40所示。读者也可以根据自己的喜好和需求进行调整。至此，多云天气卡片基本绘制完成。

图3-40

3.2.3 绘制雷雨天气卡片

1. 复制多云天气卡片的部分重复可用元素

（1）选中"多云 卡片"编组图层，按Ctrl+J组合键复制并重命名为"雷雨 卡片"，向下移动至合适的位置，如图3-41所示。

（2）双击"云朵1"编组图层内的"云朵"表面图层，调出"图层样式"窗口，勾选"渐变叠加"样式，将渐变色条两个手柄的位置调整至图3-41所示。

图3-41

（3）雷雨天气不需要太阳图标，所以要将其删除。随后将云朵图标略微往上移动一段距离，并适当缩小，还可以将小云朵图标与大云朵图标适当拉开一些距离，再修改第三张"雷雨 卡片"的文字内容，效果如图3-42所示。

2. 绘制闪电图标

使用钢笔工具绘制一个闪电形状。设置钢笔工具的绘制模式为"形状"，描边为无，填充为白色。将新绘制的闪电矢量形状

图3-42

图层重命名为"闪电"，并在图层面板中将其拖曳到"云朵2"编组图层和"云朵1"编组图层之间，如图3-43所示。

图3-43

3．为闪电图标添加光效

（1）双击"闪电"图层调出"图层样式"窗口，勾选"外发光"图层样式，设置颜色值为#517aff、"不透明度"为70%、"扩展"为3%、"大小"为50像素，如图3-44所示。

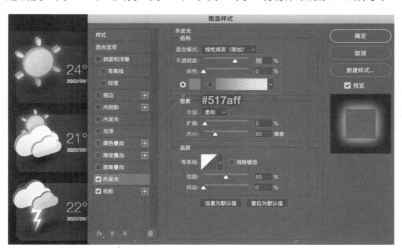

图3-44

（2）勾选"投影"图层样式，设置"混合模式"为"变亮"、色值为#295bff、"不透明度"为80%、"大小"为150像素，如图3-45所示。

4．为闪电图标添加立体效果

（1）选中"闪电"图层，按Ctrl+J组合键复制并重名为"闪电厚度"，将其拖曳到"闪电"图层的下一层。

（2）将图层的"不透明度"修改为40%，单击"投影"左边的眼睛图标 将"投影"图层样式隐藏。

（3）适当移动"闪电厚度"图层，双击"闪电厚度"图层打开"图层样式"窗口，将"外发光"的"大小"修改为80像素，如图3-46所示。

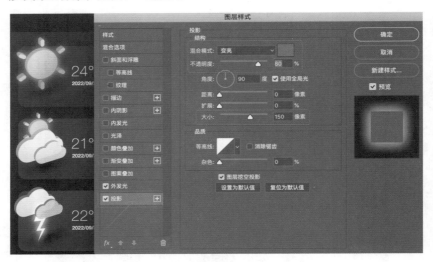

图3-45

图3-46

（4）修改"闪电厚度"图层的路径，使之更加匹配。切换到钢笔工具，当鼠标指针位于路径上时，钢笔工具切换为"添加"模式，在闪电的末端位置单击添加一个路径锚点，如图3-47所示。

（5）此时发现这个添加的锚点有左右两个曲线手柄，如果移动锚点，则会形成一个弯曲的形状，不符合要求，如图3-48（a）所示。将这一段改成无任何弯曲的锐角，需要去掉锚点的左右两个曲线手柄。继续使用钢笔工具，同时按住Alt键，发现钢笔工具切换为"转换点工具"模式。注意钢笔工具要保持

图3-47

在锚点附近。此时，在"转换点工具"模式下单击刚才添加的锚点，锚点左右两侧的曲线手柄就被取消了，锚点所在曲线区域从弯曲形状变成了锐角形状，如图3-48（b）所示。

（6）将该锚点移动到合适的位置，与闪电表面的末端契合，如图3-48（c）所示。

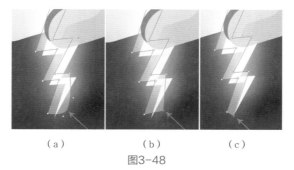

（a）　　　　　　　（b）　　　　　　　（c）

图3-48

（7）重复若干次上述步骤，再添加几个锚点并移动位置，最终闪电厚度形状调整如图3-49所示。

（8）为了进一步丰富天气效果，也可以多增加一组闪电，如图3-50所示。

至此，3组天气卡片均已绘制完毕，最终效果如图3-51所示。

图3-49　　　　　　　　　　　图3-50　　　　　　　　　　　图3-51

3.3　实例2：音乐卡片设计

本实例将设计并绘制一张音乐卡片。在移动端平台应用中，通常将卡片作为安卓的Widget或者iOS的小组件，这些小组件可为音乐App用户提供轻量化快捷服务体验，一般具备播放/暂停、上一首/下一首等基本功能，并会呈现专辑封面或歌手封面、歌曲名称、专辑名称等图文信息，最终效果如图3-52所示。

★ 资源位置

🖼 实例位置　实例文件>第3章>实例2：音乐卡片设计.psd

🎞 视频名称　视频文件>第3章>实例2：音乐卡片设计.mp4

⚙ 设计思路

图3-52

（1）本实例界面包括3个部分，分别是一张功能相对齐全的大卡片，以及2张更为轻量化的小卡片。大卡片是用户当前的主要交互对象，下方的小卡片作为备选和试听入口。

（2）大卡片的播放进度条是一个特殊的设计点：没有采用普通的线状进度条，而是采用了音波阵列作为进度条，直观地展示了歌曲的高潮部分。

（3）小卡片只承载了专辑封面、歌单名称、歌单内的歌曲数量以及播放/暂停按钮，下方的信息操作区域使用了磨砂玻璃的效果。

（4）在本实例的界面中，图片是非常重要的元素，作为界面的视觉主体；在当前流行的扁平化UI设计风格中，图片往往是一个界面的主体元素，因此利用好图片素材，围绕图片展开界面设计是UI设计师很重要的技能。

在本实例的界面中，界面UI元素的色彩搭配是和图片的色彩风格相适应的，即蓝色调。如果换一批暖色调的图片，则界面UI元素色彩应当相应变化为暖色调，如图3-53所示。

目前的前端开发技术已经可以做到：智能提取图片的主色作为界面UI元素的色彩。这个过程甚至不需要UI设计师介入开发或提供色彩值参数，只需要输出典型界面功能参考，给出界面布局参数。这在前端开发中一般称为Layout。

图3-53

3.3.1 新建文档并创建第一张音乐主卡片

1. 新建文档

（1）打开Photoshop，按Ctrl+N组合键新建一个空白文档，并命名为"3.3 实例2：音乐卡片设计"，将"宽度"设置为1080像素、"高度"设置为1920像素，如图3-54所示。

图3-54

（2）新建空白文档后，双击默认生成的背景图层，将其转换为普通图层，并命名为"底层背景"，如图3-55所示。

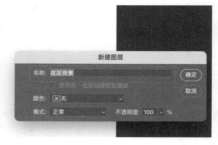

图3-55

2. 绘制主卡片背景

（1）添加圆角矩形作为卡片背景。在工具栏中选择圆角矩形工具，在工具属性栏中设置绘制模式为"形状"、"填充"为任意纯色、"描边"为无、"半径"即圆角半径为90像素，如图3-56所示。

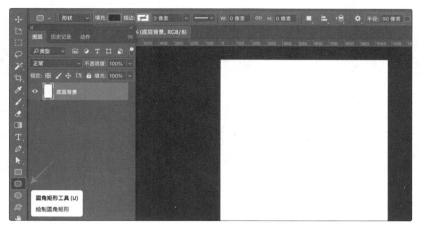

图3-56

在新建文档的画布范围内任意位置单击，调出"创建矩形"对话框，将"宽度"设置为900像素、"高度"设置为1150像素，单击"确定"按钮，可以看到在画布的随机位置生成了一个圆角矩形，如图3-57所示。

（2）调整圆角矩形到合适的位置。选中新建的圆角矩形图层，双击圆角矩形图层名称的区域（注意不要双击图层名称字符以外的区域），将图层重命名为"主卡片背景"，调出"图层样式"窗口，按Ctrl+T组合键调出自由变换手柄工具，在工具属性栏中将"X"设置为540像素、"Y"设置为665像素，即将主卡片背景矩形调整到页面水平居中、靠近顶部的位置，如图3-58所示。

图3-57　　　　　　　　　　　　　　　图3-58

（3）为主卡片背景添加渐变图层样式。双击"主卡片背景"图层除图层名称字符以外的区域，调出"图层样式"窗口，勾选"渐变叠加"图层样式，设置"混合模式"为"正常"、"不透明度"为100%、"角度"为128度，双击渐变色条调出"渐变编辑器"窗口，将渐变色条左右两端的色值分别设置为#c7fff8和# dfeffff，为主卡片背景添加一个浅蓝色调的渐变，如图3-59所示。

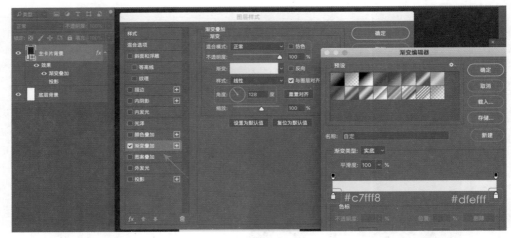

图3-59

3. 添加图片素材

（1）再次创建一个小的圆角矩形。选择圆角矩形工具，将"半径"改为60像素，在画布范围内任意位置单击调出"创建矩形"对话框，将"宽度"设置为800像素、"高度"设置为500像素，创建一个新的圆角矩形，如图3-60所示。

图3-60

（2）将这个小圆角矩形作为矢量蒙版。选中新建的圆角矩形所在图层，按A键切换至路径选择工具，单击圆角矩形的边缘位置，即可选中整个圆角矩形的矢量路径，再按Ctrl+G组合键编组，并重命名为"主卡片 专辑封面"。按Ctrl+C组合键复制，选中编组图层"主卡片 专辑封面"，按Ctrl+V组合键粘贴，如图3-61所示。此时可以将这个小圆角矩形删除，因为后面就不需要了。

（3）添加图片素材。从"素材文件>第3章>3.3 音乐卡片设计"文件夹中找到素材图片"3.3 实例2 图片素材1.jpg"，按Ctrl+C组合键复制，然后回到Photoshop中，选中编组图层"主卡片 专辑封面"，按Ctrl+V组合键粘贴刚才复制的图片，可以看到图片出现在画布中，此时图片比较大，位置也不合适，但是可以看到图片显示区域仅限于矢量蒙版范围内。

调整图片大小和位置。按Ctrl+T组合键调出自由变换手柄工具，在左工具属性栏中将"X"设置为540像素、"Y"设置为395像素，W和H即宽高尺寸设置为33%，如图3-62所示。

（4）添加阴影效果。尝试添加两层阴影效果，以使阴影更有层次感。双击编组图层"主卡片 专辑封面"，调出"图层样式"窗口，单击左侧栏最底部的"投影"右侧的▣图标，在勾选"投影"

图层样式的同时，在下面添加一个新的"投影"样式，如图3-63所示。设置第一个"投影"图层样式的"混合模式"为正片叠底，颜色值为#074097，"不透明度"为12%，"角度"为90度，"距离"为20像素，"大小"为30像素。

图3-61

图3-62

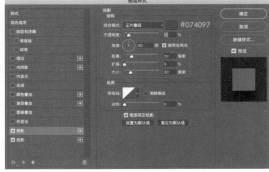

图3-63

设置第二个"投影"样式的"混合模式"为正片叠底，颜色值为#076297，"不透明度"为30%，"角度"为90度，"距离"为40像素，"大小"为90像素，如图3-64所示。至此，专辑封面绘制完成。下一步制作播放进度条、播放/暂停和上一首/下一首的按钮组。

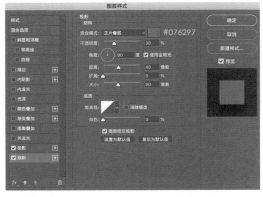

图3-64

4. 绘制进度条

（1）绘制音波阵列进度条。创建小圆角矩形作为音波线，选择圆角矩形工具，单击画布调出"创建矩形"对话框，将"宽度"设置为6像素、"高度"设置为40像素，创建一个细小的圆角矩形，并重命名为"音波线"，如图3-65所示。

图3-65

（2）复制多个音波线，组成阵列。按Ctrl+J组合键复制"音波线"矢量形状图层并保持选中新复制的图层，按Ctrl+T组合键调出自由变换手柄，向右移动12像素（向右移动就是在原来的X值基础上加，向左移动就是减）。

按Ctrl+Alt+Shift+T组合键，发现自动复制了一个新的矩形并且再次移动了12像素。之后多次按Ctrl+Alt+Shift+T组合键进行自动复制，直至复制出足够的数量组成阵列，并移动到合适的位置，如图3-66所示。选中复制出的矩形，按Ctrl+G组合键编组，并重命名为"播放进度条"。

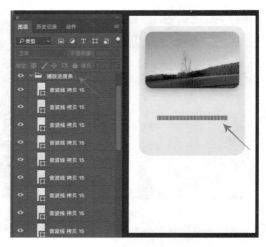

（3）按Ctrl+T组合键调出自由变换手柄，调整每一个音波线的高度，组成一条有起伏高低的阵列，以模拟音乐的高潮、低潮，最终效果如图3-67所示。双击编组图层"播放进度条"调出"图层样式"窗口，勾选"颜色叠加"样式，将颜色值设置为#4b5f6f，如图3-67所示。

图3-66

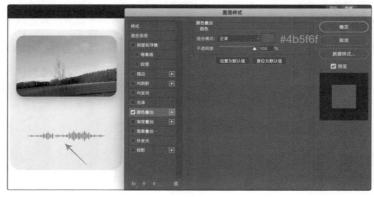

图3-67

（4）添加播放进度和歌曲时长的数字字符。按T键切换到文字工具（默认是横排文字工具），添加两组数字字符，内容分别是"0:00"和"4:30"。将颜色值设置为与播放进度条音波线一致的#4b5f6f，并摆放到播放进度条两侧，如图3-68所示。

图3-68

5. 下一首/上一首、绘制播放/暂停按钮

（1）绘制"下一首"按钮。选择多边形工具，若默认工具栏不显示多边形工具，在工具栏底部的 ••• 图标上单击鼠标右键，在弹出的其他更多工具菜单中选择多边形工具，如图3-69所示。在工具属性栏中设置"描边"为无，"填充"为任意纯色，"边"为3，即三角形，单击"边"参数值左侧的齿轮图标 打开多边形设置面板，勾选"平滑拐角"复选框，如图3-69所示。

工具参数设置完毕，在播放进度条下方大致位置绘制一个三角形，大小如图3-69所示。

图3-69

（2）选中三角形，按Ctrl+T组合键调出自由缩放变换手柄，在工具属性栏中将"X"设置为781像素、"Y"设置为1084像素，将三角形放到进度条下方右侧位置，如图3-70所示。

（3）此时感觉这个三角形太圆润了，使用路径工具微调一下形状。使用直接选择工具依次选择三角形3条边的3个锚点，按键盘上的方向键进行微调，如图3-71所示。

（4）使用圆角矩形工具添加一个圆角半径为4像素、宽度为10像素、高度为60像素的圆角矩形。将位置参数"X"设置为830像素，"Y"设置为1084像素，如图3-72所示。然后将圆角矩形和三角形编组，重命名为"下一首按钮"。至此，一个"下一首"按钮绘制完成。

（5）绘制"上一首"按钮。复制"下一首"按钮，并按Ctrl+T组合键调出自由缩放变换手柄，用鼠标右键单击复制出的按钮，选择弹出菜单中的"水平翻转"选项，便可以作为"上一首"按钮，并将图层编组重命名为"上一首"，然后摆放至进度条下方左侧的位置，如图3-73所示。

图3-70

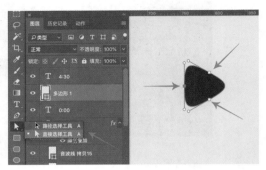

图3-71

图3-72

图3-73

（6）绘制中央的"播放/暂停"按钮。选择圆角矩形工具，将圆角半径修改为10像素，然后添加一个"宽度"为24像素、"高度"为88像素的圆角矩形。选中创建的圆角矩形，分别按Ctrl+C和Ctrl+V组合键，在同一图层内复制一个相同的圆角矩形，并将其向右移动一定距离，组成一个双圆角矩形的"播放/暂停"按钮，并将其重命名为"播放/暂停"。选中"播放/暂停"按钮，将其摆放至中央位置，如图3-74所示。

图3-74

（7）勾选"颜色叠加"和"投影"图层样式。同时选中"播放/暂停""上一首""下一首"图层，按Ctrl+G组合键编组并命名为"播放控制按钮组"。双击该编组图层调出"图层样式"窗口，勾选"颜色叠加"和"投影"图层样式，设置"颜色叠加"图层样式的颜色值为#192e51。设置"投影"图层样式的"混合模式"为"正片叠底"，颜色值为#003173，"不透明度"为24%，"角度"为90度，"距离"为15像素，"大小"为45像素，如图3-75所示。

图3-75

6. 添加歌曲名称和歌手名称字符

绘制作为主标题的歌曲名称字符。选择文字工具，设置字体为Bold、字体大小为54点、颜色值为#4b5f6f，输入文本内容"SONG NMAE"，添加一个文本图层。这里要注意的是，添加文本图层后，切换选中任意其他图层，不要选中新建的这个文本图层，否则在需要创建其他文本图层并更改字体时，会影响到此时被选中的这个文本图层。在切换选中任意其他图层后，将字体改为Regular、字体大小改为40点，颜色值不变，然后输入文本内容"Name of singer"，再将图层的"不透明度"改为50%，如图3-76所示。至此，主卡片的所有UI元素绘制完成。

图3-76

7. 为主卡片整体添加"投影"图层样式

将所有与UI元素相关的图层选中，打包成组并命名为"主卡片"，然后双击该编组图层调出"图层样式"窗口，勾选"投影"图层样式，设置"混合模式"为"正常"、颜色值为#00a7d1、"不透明度"为12%、"角度"为90度、"距离"为36像素、"大小"为90像素，如图3-77所示。

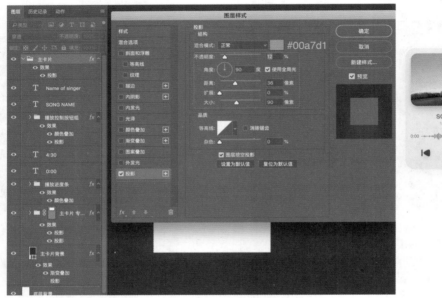

图3-77

3.3.2 绘制第二张音乐小卡片

1. 绘制小卡片的矢量蒙版

（1）选择圆角矩形工具，将"圆角半径"设置为60像素、"宽度"和"高度"均设置为420像素，创建一个正方形圆角矩形，如图3-78所示。

图3-78

（2）按Ctrl+T组合键调出自由变换手柄，在工具属性栏中将"X"设置为300像素、"Y"设置为1540像素，如图3-79所示。

图3-79

（3）保持该圆角矩形为选中状态，按Ctrl+G组合键编组，并将其重命名为"音乐小卡片01"。按A键切换至"路径选择工具"，选中圆角矩形路径，按住Ctrl+C组合键复制，选中编组图层"音乐小卡片01"，按Ctrl+V组合键将复制的圆角矩形路径粘贴为该编组图层的矢量蒙版路径，此时可以删掉原先的圆角矩形图层，如图3-80所示。

图3-80

2. 添加作为专辑封面的图片素材

（1）找到图片素材，按Ctrl+C组合键复制，然后回到Photoshop中，选中编组图层"音乐小卡片01"，按Ctrl+V组合键粘贴刚才复制到的图片素材。

（2）用鼠标右键单击复制到Photoshop中的图片素材，在弹出的快捷菜单中选择"转换为智能对象"选项，如图3-81所示。

图3-81

（3）按Ctrl+T组合键调出自由变换手柄，将"X"设置为405像素、"Y"设置为1575像素、W和H即宽和高均设置为原尺寸大小的18%，如图3-82所示。

图3-82

3. 添加歌单信息与播放按钮组件

（1）添加作为组件背景的磨砂玻璃质感的矩形。选择圆角矩形工具，将圆角半径设置为45像素，绘制一个宽度为375像素、高度为140像素的圆角矩形，按Ctrl+T组合键调出自由缩放变换手柄，将"X"设置为300像素、"Y"设置为1651像素，使其处于小卡片的下半部分区域，如图3-83所示。

图3-83

（2）将图层复制粘贴为矢量蒙版。移动到合适的位置之后，使用直接选择工具选中路径，按Ctrl+C组合键复制，然后编组并将其重命名为"歌曲信息与播放组件"。按Ctrl+V组合键粘贴刚才复制到的路径作为矢量蒙版，删除刚才创建的圆角矩形，如图3-84所示。

图3-84

（3）选中图片图层"图层2"，按Ctrl+J组合键复制，将复制出的图层拖曳至"歌曲信息与播放组件"编组图层中，执行"滤镜>模糊>高斯模糊"命令，调出"高斯模糊"窗口，将"半径"设置为24像素，如图3-85所示。此时，基本的磨砂玻璃效果已经出现了。

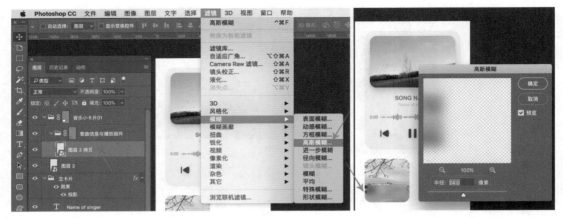

图3-85

（4）添加一层暗暗的颜色叠加。双击编组图层"歌曲信息与播放组件"，调出"图层样式"窗口，勾选"渐变叠加"图层样式，设置"混合模式"为"正片叠底"、渐变色条左右两端的色值分别为#156ea6和#07587e、"不透明度"为35%、"角度"为128度，如图3-86所示。

图3-86

（5）添加歌单信息的文本。使用文本工具输入文本"Music Album X"作为歌单名称，设置字体为Bold、字体大小为30点、字体颜色为#eaf6ff，然后切换选中任意其他图层，再次使用文本工具输入文本"12 Tracks"（歌单数量信息），设置字体为Regular、字体大小为30点、字体颜色同为#eaf6ff，将这个文字图层的不透明度设置为60%，如图3-87所示。

图3-87

（6）添加播放按钮。选择椭圆工具，单击画布弹出"创建椭圆"对话框，将"宽度"和"高度"都设置为84像素，由此创建一个正圆形，然后将该正圆形移动到磨砂玻璃组件右侧且上下居中位置，将正圆形所在图层重命名为"播放按钮背景"，如图3-88所示。

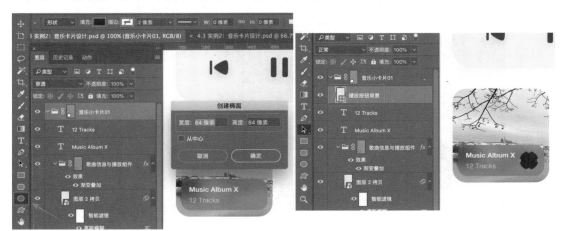

图3-88

（7）双击椭圆形状图层"播放按钮背景"，调出"图层样式"窗口，勾选"渐变叠加"图层样式，将渐变色条左右两端的色值分别设置为#b4d7f0和# ffffff、"角度"设置为-56度，如图3-89所示。

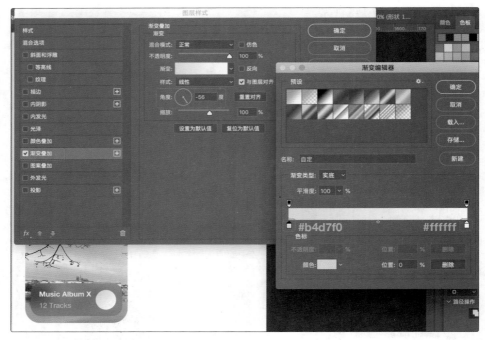

图3-89

（8）添加三角形播放按钮。在图层面板中选中"下一首"编组图层内的"多边形1"矢量形状图层，按Ctrl+J组合键复制图层，再将复制出的图层拖曳到"音乐小卡片01"编组图层内。需要注意的是，这个图层应放在"播放按钮背景"图层上方。按住Ctrl+T组合键调出自由变换手柄，将"X"设置为425像素、"Y"设置为1654像素、W和H宽高缩小为原先的50%，如图3-90所示。

图3-90

（9）修改颜色。双击新复制、缩小的三角形所在图层，调出"图层样式"窗口，勾选"颜色叠加"图层样式，将颜色值修改为# 006de8，如图3-91所示。

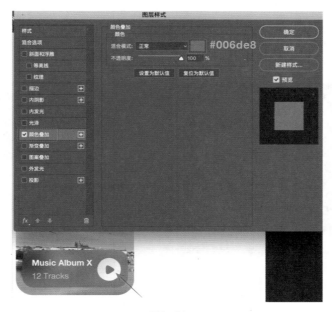

图3-91

3.3.3　创建第三张音乐小卡片

1. 复制编组图层"音乐小卡片01"

选中绘制完成的编组图层"音乐小卡片01"，按Ctrl+J组合键复制，将复制出的编组图层重命名为"音乐小卡片02"，将其向右移动一段距离，让该图层的右边缘与上方主卡片的右边缘对齐，如图3-92所示。

图3-92

2. 更改图片素材

（1）选中编组图层"音乐小卡片02"内的图片素材图层"图层2"，单击鼠标右键，在弹出的快捷菜单中选择"通过复制新建的智能对象"选项，此时可以看到复制了一层新的智能对象图层。将这个新复制的智能对象图层"图层2复制2"拖曳到"音乐小卡片02"编组图层中，然后双击这个智能对象图层，会打开一个新的画布页签，也就是进入该智能对象图层的编辑状态，如图3-93所示。

图3-93

（2）更换新的图片素材。找到图片素材，按Ctrl+C组合键复制，然后回到Photoshop中的智能对象图层页签"图层2.psb"下，按Ctrl+V组合键粘贴新图片素材，接着按住Ctrl+S组合键保存，如图3-94所示。

图3-94

（3）此时还有一个问题，"歌曲信息与播放组件"的磨砂玻璃中的背景图片还是没有更新，这就需要将刚才复制并更新的图片的智能对象图层"图层 2 复制 2"再复制一层出来（复制后的图层名称默认为"图层 2 复制 3"），并将其拖曳到编组图层"歌曲信息与播放组件"中，如图3-95所示。

图3-95

（4）添加与第一张音乐小卡片相同的"高斯模糊"效果。选中智能对象图层"图层 2 复制 3"，"滤镜"菜单中的第一项就是上一次添加过的高斯模糊效果，选择"高斯模糊"选项，弹出"高斯模糊"窗口，保持上次使用设置的参数值不变，单击"确定"按钮添加滤镜，效果如图3-96所示。

图3-96

至此，3张音乐卡片基本绘制完成。最后给读者留一个课后作业：为播放进度条添加播放进度，用更亮、更饱和的色彩展示已播放的进度，参考效果如图3-97所示。

图3-97

微课

实例3

3.4 实例3：日程卡片设计

本实例将制作日程卡片。日程卡片几乎是所有日历应用必需的一类卡片组件，用于展示日程的具体信息，如日程时间、日程内容、日程参与人、日程地点、日程会议方式（电话会议、视频会议等）等。日历应用一般都有3种视图：日视图、周视图和月视图。本实例设计的界面是日视图界面，用于呈现一天内的所有日程，一个日程就是一张卡片。完成后的效果如图3-98所示。

★ 资源位置

📷 实例位置 实例文件>第3章>实例3：日程卡片设计.psd

📦 视频名称 视频文件>第3章>实例3：日程卡片设计.mp4

⚙ 设计思路

（1）本实例的核心是创建4张各不相同的日程卡片：已经是过去时间的卡片，为灰色调，时长最短45分钟，因此卡片高度最小；另外3张分别是1小时时长的红色调与黄色调卡片，以及1小时15分钟时长的紫色调卡片。

图3-98

（2）日程时长越长，卡片高度越大。

（3）每张日程卡片包含的信息有日程标题、日程时间、日程参与人头像组、日程会议方式（电话会议、视频会议、IM聊天3种），以及会议室名称。日程卡片高度越大，能够显示的信息也就越多。

3.4.1　新建文档并绘制日程界面背景

1. 新建文档

（1）打开Photoshop，按Ctrl+N组合键新建一个空白文档，并命名为"3.4 实例3：日程卡片设计"，将宽度设置为1170、高度设置为2532，单位为像素（这是iPhone 14手机屏幕分辨率），如图3-99所示。

图3-99

（2）新建空白文档后，双击默认生成的背景图层，将其转换为普通图层，并命名为"底层背景"，如图3-100所示。

图3-100

2. 创建界面背景

（1）为底层背景添加渐变。双击"底层背景"图层，调出"图层样式"窗口，勾选"渐变叠加"图层样式，设置"混合模式"为"正常"、渐变色条左右两端的色值分别为#c8d8ff和#e0d4ff，其中设置"位置"为25%，设置"角度"为150度，如图3-101所示。

（2）绘制日程列表的背板。选择圆角矩形工具，设置绘制模式为"形状"、"填充"为#ffffff、"描边"为无、"半径"为40像素，然后单击画布调出"创建矩形"对话框，创建一个"宽度"为1170像素、"高度"为2400像素的圆角矩形，如图3-102所示。

（3）保持矩形为选中状态，按Ctrl+T组合键调出自由变换手柄，在工具属性栏中将"X"设置为585像素、"Y"设置为1600像素，并将其重命名为"日程列表背板"，如图3-103所示。

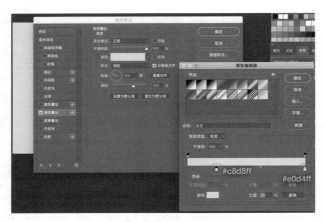

图3-101

图3-102

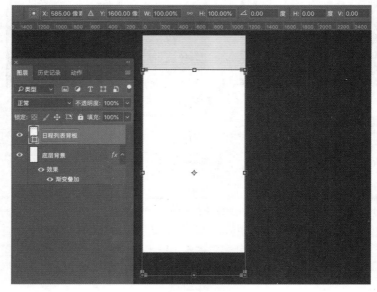

图3-103

（4）为日程列表背板添加投影效果。双击"日程列表背板"图层调出"图层样式"窗口，设置
参数如图3-104所示。

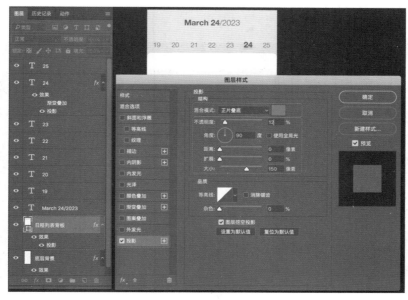

图3-104

3. 添加界面标题和日期

（1）添加标题文字。按T键切换到文字工具，输入文本"March 24/2023"，将字体大小设
置为72点，将"March 24"的字体设置为Bold、"/2023"的字体设置为Light、字体颜色设置为
#2b3877。

创建这一标题文字图层后，按Ctrl+T组合键调出自由缩放变换手柄，在工具属性栏中将"X"
设置为585像素、"Y"设置为128像素，如图3-105所示。

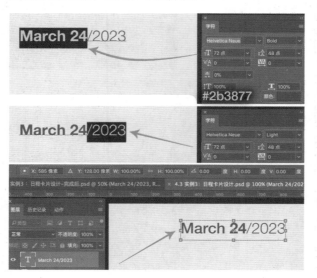

图3-105

（2）添加周一至周六的日期数字。继续使用文字工具，将字体大小设置为60点、字体设置为
Light、字体颜色设置为#2b3877，添加7组数字，分别为19、20、21、22、23、24、25。

这7组数字任意摆放就行，因为可以使用"垂直居中对齐"和"水平居中分布"功能来对齐和均分。具体步骤方法如下：按住Ctrl键选中这7组数字，切换到移动工具，可以看到工具属性栏中出现了一组多种对齐和分布功能按钮，单击"垂直居中对齐"和"水平居中分布"按钮，将7组数字对齐并均分，如图3-106所示。

图3-106

假设"今天"是24日周五，需要先降低19～23这5组数字的不透明度，设置为灰的样式，表示已经是过去式，再把24日改成更大的粗体字来突显这个日期是"今天"，也是日程中最重要的一天。

将19～23这5组数字所在图层的不透明度修改为50%，将"24"的字体大小改为72点、字体改为Bold，为了进一步突显作为"今天"的24，还可以为其添加一个"投影"图层样式：双击数字24所在图层调出"图层样式"窗口，勾选"投影"图层样式，设置投影颜色为#0018c8、"不透明度"为30%、"角度"为90度、"距离"为15像素、"大小"为24像素，如图3-107所示。

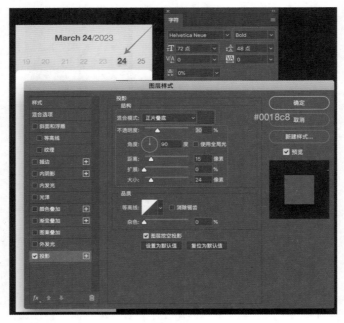

图3-107

（3）添加周一至周日的字符。同时选中数字19～25所在图层，按Ctrl+J组合键复制出7个新图层，分别更改文字内容为Sun、Mon、Tue、Wed、Thu、Fri、Sat，并向上移动一定距离，再将字体大小统一缩小为48点，如图3-108所示。

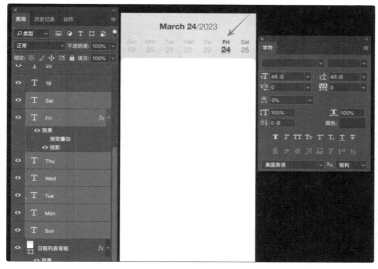

图3-108

4．绘制时间轴

（1）添加时间码数字。继续使用文字工具，添加09:00、10:00、11:00、12:00、13:00、14:00、15:00共7组数字，设置字体为Light、大小为48点、字体颜色为#2b3877，将它们摆放在日程列表背板左侧，此处可以使用"垂直居中分布"功能，对这7组数字进行垂直方向上的平均分布，如图3-109所示。然后将已经处于过去式的09:00和10:00两组数字图层的"不透明度"改为30%，其他时间码图层的"不透明度"改为60%。

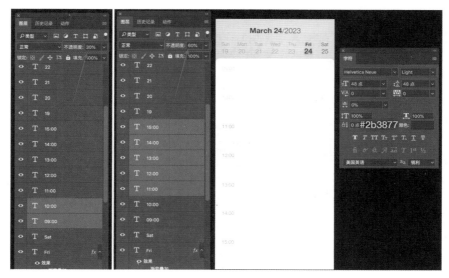

图3-109

（2）添加时间轴刻度线。为这组时间轴添加类似尺子上刻度的短线，这一方面是为了丰富视觉效果，另一方面是为了显示30分钟、15分钟等时间刻度线。选择圆角矩形工具，将"填充"色值设置为#d2d8e8，在09:00和10:00之间绘制3条平均分布的短线，设置中间那条较长刻度线的宽度为50、高度为4，设置较短刻度线的宽度为25、高度为4，如图3-110所示。

（3）将这3条刻度线编组，并重命名为"时间刻度线"。按6次Ctrl+J组合键复制6组，并依次排布在下面的时间码之间，如图3-111所示。

图3-110

图3-111

（4）再次选择圆角矩形工具，将"填充"色值设置为#c6cfe6，单击画布弹出"创建矩形"对话框，将"宽度"设置为1000、"高度"设置为2，创建矩形，然后将这个矩形放在"09:00"右侧，并将其所在图层重命名为"日程背景分割线"，如图3-112（a）所示。选中这个细长的矩形，按6次Ctrl+J组合键复制6个，依次平均摆放在其他时间码右侧，如图3-112（b）所示。

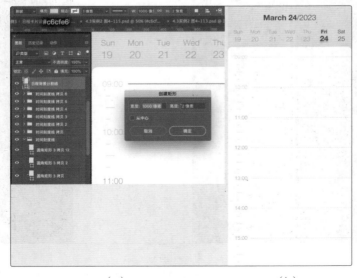

（a）　　　　　　　　　　　　　（b）

图3-112

5. 绘制当前时间指示线

（1）选中其中任意一个"日程背景分割线"图层，按Ctrl+J组合键复制并重命名为"时间指示线"。将其移动到10:00和11:00之间更靠近10:00的位置，保持"时间指示线"图层为选中状态，切换到圆角矩形工具，在工具属性栏中设置"填充"色值为#817bff、W为1170，也就是与屏幕等宽。按V键切换到移动工具，按住Shift键将"时间指示线"横向往左移动直至贴到画布左边缘，如图3-113所示。

（2）为时间指示线添加细节。使用椭圆工具绘制一个宽和高均为28像素的正圆形，并生成"椭圆1"图层，如图3-114所示。

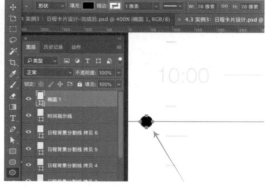

图3-113　　　　　　　　　　　　　　　　　　图3-114

（3）添加"渐变叠加"图层样式。双击"椭圆1"图层调出"图层样式"窗口，勾选"渐变叠加"图层样式，单击渐变色条，在弹出的"渐变编辑器"窗口中设置渐变色条左右两端的色值分别为#7ba0ff和#817bff、"不透明度"为100%、"角度"为126度，如图3-115所示。

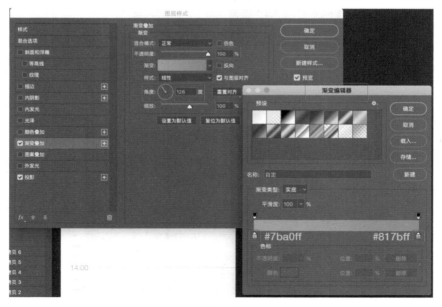

图3-115

（4）添加"投影"图层样式。勾选"投影"图层样式，设置"混合模式"为"正片叠底"、色值为#2879ff、"不透明度"为24%、"角度"为90度、"距离"为3像素、"大小"为15像素，如图3-116所示。

（5）按Ctrl+J组合键复制"椭圆1"图层，按Ctrl+T组合键调出自由变换手柄，将鼠标指针移动到角上的手柄端点，按住Shift+Alt组合键并拖曳鼠标，缩小和复制的椭圆形状如图3-117所示。

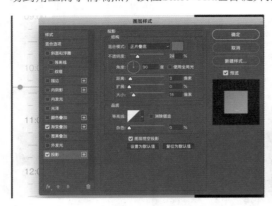

图3-116   图3-117

单击图层"椭圆1 复制"下方"效果"下的"渐变叠加"左侧的眼睛图标，将这一样式隐藏，然后按A键切换至直接选择工具，在工具属性栏中将"填充"色值改为#ffffff，最终效果如图3-118所示。

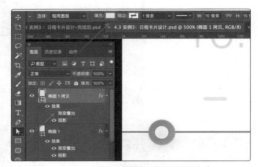

图3-118

（6）双击"椭圆1 复制"图层下的"投影"效果，设置其"不透明度"为80%、"距离"为2像素、"大小"为12像素，如图3-119所示。

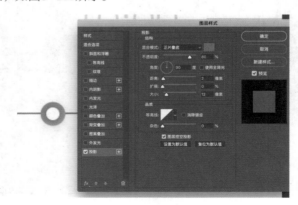

图3-119

（7）为时间指示线添加一层渐变层。使用矩形工具绘制一个宽度为1170像素、高度为180像素的矩形，设置矩形所在图层的"不透明度"为20%、"填充"为0%，摆放位置如图3-120所示。

双击该矩形图层调出"图层样式"窗口，勾选"渐变叠加"图层样式，调出"渐变编辑器"，单击渐变色条左端上方的手柄，这个手柄是用来调节不透明度的，将其值改为0%、左右两端的色值都改为#817bff、"角度"改为-90度，如图3-120所示。

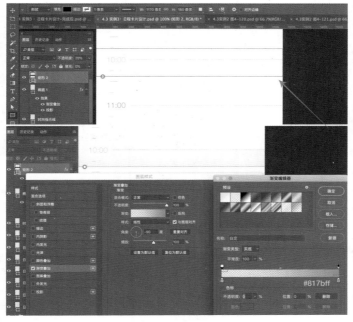

图3-120

（8）将所有时间指示线相关的4个图层编组，并重命名为"时间指示组件"，再往下移动一段距离，如图3-121所示。

图3-121

3.4.2　绘制第一张日程卡片

1. 绘制日程卡片背景

（1）绘制卡片背景矩形。选择圆角矩形工具，在工具属性栏中设置"填充"为任意颜色、"描边"为无、圆角"半径"为30像素，创建一个宽度为837像素、高度为294像素的圆角矩形。将这个圆角矩形所在图层重命名为"日程1 卡片背景"，并拖曳到"时间指示组件"编组图层中，如图3-122所示。

图3-122

（2）双击"日程1 卡片背景"图层，调出"图层样式"窗口，勾选"渐变叠加"图层样式，然后单击渐变色条，调出"渐变编辑器"窗口，将渐变色条左右两端的色值分别设置为#ffe0d7和#ffd6ea，将渐变的"角度"设置为170度，如图3-123所示。

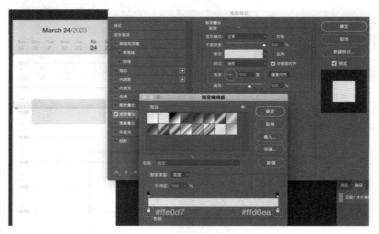

图3-123

（3）添加阴影效果。保持"日程1 卡片背景"图层为选中状态，按住Ctrl+J组合键复制，然后将复制出的图层命名为"日程1 外阴影"，单击鼠标右键，在弹出的菜单中选择"转换为智能对象"选项，将这一阴影图层转换为智能对象图层。执行"滤镜>高斯模糊"命令，添加一个"高斯模糊"滤镜，并将"半径"设置为20像素，如图3-124所示。

图3-124

2．添加日程卡片的标识色条、日程标题、日程时间

（1）添加日程卡片左侧的标识色条。使用圆角矩形工具绘制一个宽22像素、高256像素的长矩形，放置位置如图3-125所示。注意长矩形在垂直方向上要和日程背景卡片居中对齐，然后将其所在图层重命名为"日程1 标识条"。

图3-125

（2）添加"渐变叠加"图层样式。双击"日程1 标识条"调出"图层样式"窗口，勾选"渐变叠加"图层样式，将渐变色条左右两端的色值分别设置为#ff4138和#ec1f85，如图3-126所示。

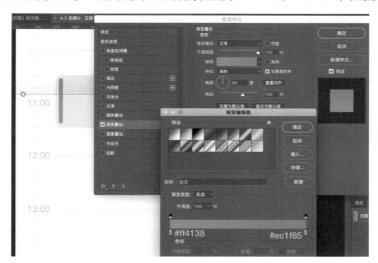

图3-126

（3）添加日程标题文字。选择文字工具，设置字体大小为48点、字体为Bold、字体颜色为#dc073e，输入文本"Development Meeting"，放置位置如图3-127所示。

图3-127

（4）添加日程时间数字。选择文字工具，设置字体大小为40点、字体为Light，输入文本10:30—11:30，将这些文字与主标题左对齐，参考效果如图3-128所示。

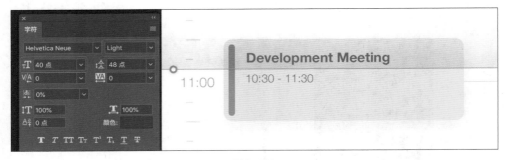

图3-128

3. 添加日程卡片的头像组和功能图标组

（1）添加头像图片。从"素材文件>第3章>3.4 日程卡片设计>3.4 实例3 头像图片素材"文件夹中选中"头像-1.png""头像-2.png""头像-3.png"3张图片，并将其拖入Photoshop工程中，然后按图3-129所示的位置摆放。

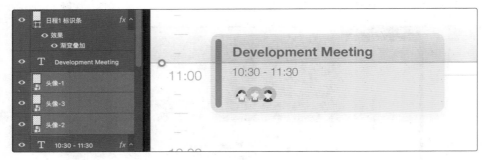

图3-129

（2）为头像添加描边样式。双击"头像-1"图层调出"图层样式"窗口，勾选"描边"图层样式，将"大小"设置为4像素、"颜色"设置为#ffffff，如图3-130所示。

图3-130

（3）选中"头像-1"图层，单击鼠标右键，在弹出的菜单中选择"复制图层样式"选项，再选中"头像-2"和"头像-3"两个图层，继续单击鼠标右键，在弹出的菜单中选择"粘贴图层样式"选项，如图3-131所示。

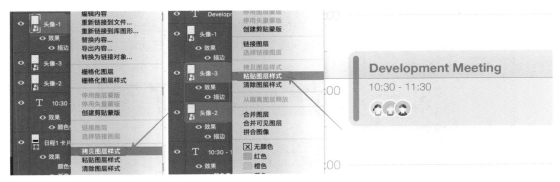

图3-131

4. 添加日程卡片的功能图标组

（1）绘制功能图标组的背景。切换到圆角矩形工具，绘制一个宽度为240像素、高度为68像素、半径为20像素的圆角矩形，放置位置如图3-132所示。然后将其重命名为"功能图标组背景"。

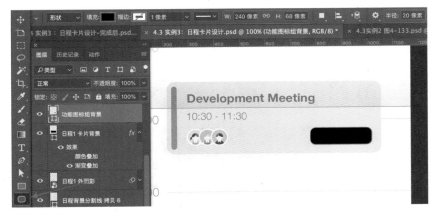

图3-132

（2）添加图层样式。复制日程标识条图层"日程1 标识条"的图层样式，粘贴到新绘制的"功能图标组背景"上，将图层的"不透明度"修改为40%。然后双击打开"图层样式"窗口，设置"角度"为170度，如图3-133所示。

图3-133

（3）绘制功能图标选中样式。选择圆角矩形工具，设置"填充"颜色为#ffffff、"描边"为无、"半径"为15像素，绘制一个宽度为72像素、高度为60像素的圆角矩形，然后将该圆角矩形所在图层重命名为"功能选中样式"，将图层"不透明度"修改为80%，摆放到功能图标组背景左端，如图3-134所示。

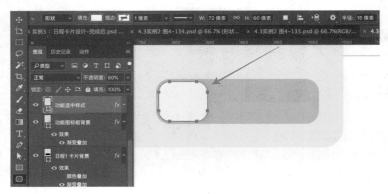

图3-134

（4）添加一个"投影"样式。双击"功能选中样式"图层，调出"图层样式"窗口，勾选"投影"图层样式，设置投影的颜色值为#b4001e、"不透明度"为30%、"角度"为180度、"距离"为6像素、"大小"为15像素，效果如图3-135所示。

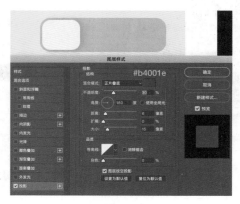

图3-135

（5）添加功能图标并调整样式。从文件夹"素材文件>第3章>3.4 日程卡片设计> 3.4 实例3 图标素材"中选中3张图标素材图片"IM聊天icon.png""视频会议icon.png""电话icon.png"，将其拖入Photoshop工程文件中，按Ctrl+T组合键调出自由变换手柄进行缩小，并摆放在功能图标组背景上，这3张图片的分布、大小和位置如图3-136所示。

图3-136

（6）为处于选中状态的"电话icon"图标调整图层样式。先复制"日程1 标识条"图层的图层样式，然后粘贴到"电话icon"图层上，如图3-137所示。

图3-137

（7）为图标"视频会议icon"和"IM聊天icon"调整图层样式。双击"视频会议icon"图层，调出"图层样式"窗口，勾选"颜色叠加"和"投影"两个图层样式，设置"颜色叠加"图层样式中的颜色值为#ffffff，设置"投影"图层样式的投影颜色值为#ef082e、"不透明度"为30%、"角度"为180度、"距离"为2像素、"大小"为8像素，如图3-138所示。

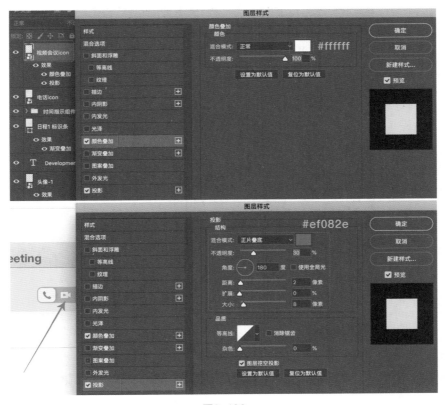

图3-138

（8）复制"视频会议icon"图层的图层样式并粘贴到"IM聊天icon"图层上。至此，一张日程卡片基本绘制完成，效果如图3-139所示。

图3-139

3.4.3 复制出其他日程卡片并调整

1. 复制并调整样式，创建一张过去时间的灰色日程卡片

（1）复制"日程卡片"编组图层。选中所有与日程卡片相关的图层，按Ctrl+G组合键编组，并重命名为"日程卡片01"，按Ctrl+J组合键复制一个新的日程卡片编组图层，往上移动一段距离，并重命名为"日程卡片02"，如图3-140所示。

图3-140

（2）将复制的第二张日程卡片内各元素的颜色样式调整为灰色调。将日程标题和时间字符颜色均修改为灰色，颜色参考值为#8f92ac，将图层"不透明度"改为70%。

（3）修改日程卡片背景、日程标识条的颜色效果。将日程卡片背景、日程标识条这两个元素的渐变样式均修改为灰色渐变样式，渐变色值参考如下。

日程卡片背景的渐变色条左端颜色为#e7e8f6，右端颜色为#dedbeb，如图3-141所示。

日程标识条的渐变色条左端颜色为# 7c8aa6，右端颜色为# 857fa4，如图3-142所示。

图3-141　　　　　　　　　　　　　　　　图3-142

功能图标组的背景渐变样式可以设置为和日程标识条的渐变色条一致，但要将图层的"不透明度"修改为24%。

（4）将"视频会议icon""IM聊天icon""功能选中样式"的投影色值修改为#535371，"不透明度"修改为40%，如图3-143所示。最终效果参考图3-144。

图3-143　　　　　　　　　　　　　　　　图3-144

（5）修改日程卡片整体的阴影。选中"日程卡片02"编组图层内的"日程1外阴影"图层，并将其重命名为"日程2外阴影"，单击鼠标右键，在弹出的菜单中选择"通过复制新建智能对象"选项。接着复制"日程卡片02"编组图层内的"日程1 卡片背景"图层。

（6）双击进入该智能对象图层，将上一步骤复制的灰色渐变图层样式粘贴到这里，如图3-145所示。

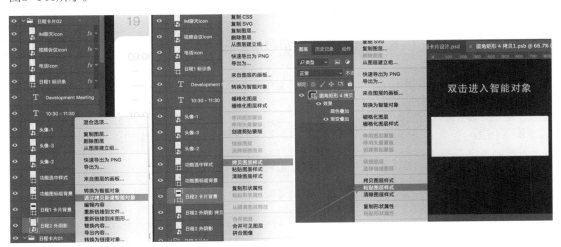

图3-145

（7）把原来的粉红色调阴影智能对象图层删除。这样，"日程卡片02"的阴影效果就调整为和卡片其他元素一致的灰色调，效果如图3-146所示。

（8）修改日程卡片02的高度。将日程卡片02内的头像组删除。选中"日程2 卡片背景"图层，使用直接选择工具框选"日程2 卡片背景"圆角矩形路径下面的4个锚点，把它们往上移动一段距离，也就是从一小时时长缩短为45分钟时长，如图3-147所示。

图3-146　　　　　　　　　　　　　　　　　　　　　图3-147

（9）用与上一步骤相似的方法将日程标识条缩短，并将功能图标组往上移动一段距离，然后修改日程标题为"Design Meeting"，将日程时间修改为"09：00 - 09：45"，最终效果如图3-148所示。

图3-148

微课

拓展训练

3.5　拓展训练：数据可视化卡片设计

　　本实例将设计数据可视化卡片，它由多张独立的数据卡片组成，其中包含了饼图、折线图。完成后的效果如图3-149所示。

★ 资源位置

　🖼 实例位置　实例文件>第3章>拓展训练：数据可视化卡片设计.psd

　🗂 视频名称　视频文件>第3章>拓展训练：数据可视化卡片设计.mp4

⚙ 操作步骤

　　（1）第一张数据可视化卡片反映的是2022年1月至2022年6月某项数据增减曲线。这张卡片的核心视觉效果表现的是一条有厚度的立体曲线，使用钢笔工具来绘制矢量路径，亮面和暗面分别是两个矢量路径图层，使用色调相似但一明一暗的渐变样式，如图3-150所示。

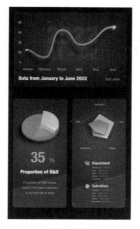

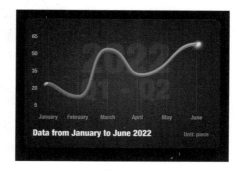

图3-149　　　　　　　　　　　　　　　　图3-150

（2）绘制阴影时，并不是简单地添加一个"投影"图层样式，而是将曲线矢量路径再复制一个图层出来，稍微调整一下形状，将作为阴影的曲线路径的两头往上移动一定距离，使其更靠近数据曲线，以使阴影立体效果看上去更生动。这里建议仍然将其转换为智能对象，然后添加"高斯模糊"效果，如图3-151所示。

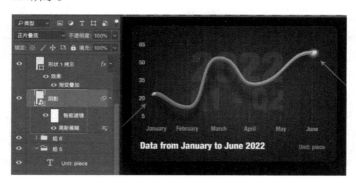

图3-151

（3）曲线顶端的发光效果是使用"外发光"图层样式创建的，另外将顶端形状图层和其他图层的"混合模式"改为"滤色"或者"变亮"，便可创建出发光的光晕效果。

（4）第二张数据卡片是反映某项数据占2022年上半年总数据的比例饼图，采用了和第一张卡片中立体曲线风格相似的一个立体饼图，仍然使用钢笔工具来绘制矢量路径，主要使用了矢量蒙版、"渐变叠加"图层样式、智能对象图层和"高斯模糊"滤镜等，效果如图3-152所示。

（5）第3张数据卡片是一组雷达图，反映某个实体的某几项性能指标数据的高低分布。本实例的这张卡片中有两组雷达图数据，反映了两个实体的5项相同指标的数据对比。其中作为雷达图背景的正五边形使用多边形工具绘制，将"边"设置为5，在绘制的同时按住Shift键，即可绘制出一个正五边形。注意在"边"的设置项中不要勾选"平滑拐角"复选框，如图3-153所示。

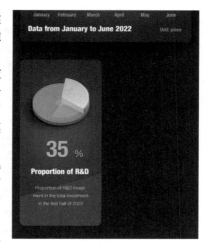

图3-152

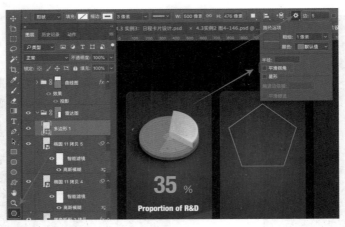

图3-153

在画布中手动绘制的五边形可能角度不是正朝上，可以在绘制完成后再按Ctrl+T组合键调出自由变换手柄手动旋转调整。

（6）处理细节。将两个雷达数据图的阴影形状适当拉长，然后添加"高斯模糊"滤镜，模拟更真实的阴影效果，如图3-154所示。

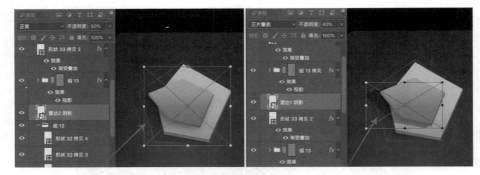

图3-154

（7）为图形添加下方边角发光的细节，最终效果如图3-155所示。

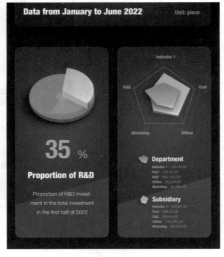

图3-155

第 **4** 章

移动端 App 的创意组件设计

　　本章主要学习使用Photoshop设计绘制移动端App中常见的几种小组件。组件是一种仅次于图标和文字的小颗粒度UI元素，作为组成界面的基本单位之一，也是用户与界面进行交互操作的最基本单位。

　　例如，用于控制打开和关闭某种功能或界面变化的开关组件（英文一般称为Switch），如图4-1所示的"组件1：复选框/单选按钮"。

　　用于手动控制进度（如音乐播放进度），或控制变量值变化（如音量）的进度条组件（英文一般称为Progress bar），如图4-1所示的"组件2：进度条"。

　　常见于导航栏，用于切换不同模块（如App底部常见的导航栏、切换首页、会员中心等模块）、不同页面的切换标签组（英文一般称为Tab），如图4-1所示的"组件3：切换标签组"。

　　用于选择/取消选择的复选框或单选按钮组件（英文一般称为Checkbox和Radio button），如图4-1所示的"组件4：复选框/单选按钮"。

图4-1

❖　创意进度条组件
❖　切换标签组设计
❖　创意3D开关设计
❖　创意时钟表盘设计

4.1 移动端App界面的常见组件

4.1.1 切换标签组件　🔍

　　切换标签在英文术语中一般称为Tag或Tab，用于切换不同的模块或者不同的页面。例如，一个电商类App底部会有一个导航栏，用于在首页、购物车、会员中心等模块之间来回切换，如图4-2（a）所示。又如，像iOS系统自带的"电话"应用，在底部也会有一组标签，用于在一个应用中切换"个人收藏""最近通话""通讯录""拨号键盘""语音留言"这5个承载了不同功能信息的界面，如图4-2（b）所示。

　　标签类组件切换的页面都是在功能或信息层级上平行层级的页面。对于用户来说，它们是同一层级的内容。因为移动端设备屏幕空间非常有限，所以不能把大量同一层级的内容堆积在一个页面中，否则会造成十分糟糕的用户体验。标签组件在移动端的UI设计中非常常用，它充分利用了有限的屏幕空间，将内容按标签分类。用户只有切换到对应的标签，才能看到对应的内容，从而聚焦到自己真正需要的内容上。标签组件的交互十分简单，虽然对新人用户来说有使用门槛，但所见所做即所得，用户可以实时看到自己操作标签的结果。

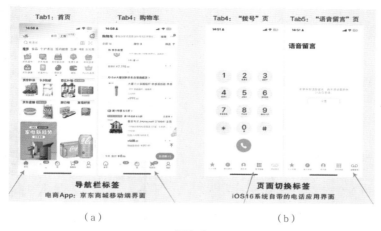

（a） （b）

图4-2

4.1.2 开关组件 🔍

开关组件在英文术语中一般称为Switch，是一种控制某项功能开启/关闭，或者信息内容显示与否的组件。例如，用于控制连接移动设备Wi-Fi和蓝牙开启与关闭的开关组件，如图4-3所示的蓝牙开关、Wi-Fi开关和控制是否显示"电池百分比"信息的电池百分比显示开关。

开关组件是一种看起来非常小且极其简单的UI组件，但其实它的设计创意空间很大，能让设计师很好地发挥自己的想象力。例如，将太阳和月亮元素融入开关的切换状态中，来表示设备显示是白天模式还是夜晚模式。又如，模拟现实世界中复古样式的物理开关的趣味创意。

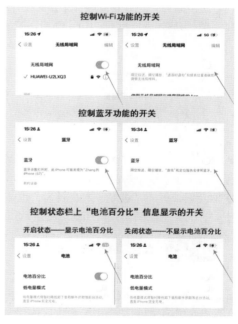

图4-3

4.1.3 复选框/单选按钮组件 🔍

复选框在英文术语中一般称为CheckBox，用于表示是否勾选。单选按钮在英语术语中一般称为Radio button，用于只能单选的选项。复选框的勾选状态一般都是使用打钩形状的图标，而且大多数复选框都采用矩形或圆角矩形的外形，单选按钮则一般使用正圆形状，且选中状态一般采用同心圆的样式，如图4-4所示。

以上所说都是目前使用最广的设计样式，即使是新人用户，也基本无须任何学习成本，就能立即理解当前的选项组是单选还是多选。不过也有例外，如目前iOS系统的单选按钮使用的设计样式是无背景的简单打钩形状，如图4-5所示。

传统的同心圆选中样式一般不用于表示多选，因为这极容易使用户产生疑惑或误解，不知道当前的选项是可以多选还是只能单选。

iOS系统的应用的复选框多采用圆形外框，安卓系统的应用多选用矩形外框，但它们的选中状态一般都会保证是打钩形状的图标。例如，iOS系统自带的"照片"应用中就使用圆形复选框，同时选中多张图片的效果如图4-6所示。

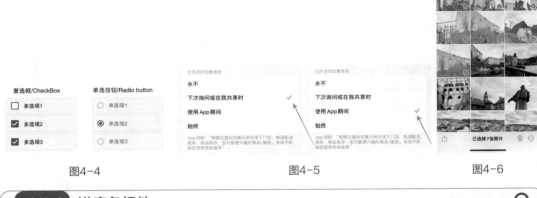

图4-4　　　　　　　　　　　　　　　图4-5　　　　　　　　　　　　图4-6

4.1.4　进度条组件

　　进度条组件也是移动端App界面设计中非常常见的一类组件，通常用于控制某项指标数据的变化（增长/放大或降低/减小）。例如，控制音量大小、亮度的高低，如图4-7所示。

图4-7

　　这种较细的进度条通常需要一个比较大的手柄图标，使用户在较小的移动设备屏幕上也能很容易地进行交互操作。而另一类常见的进度条设计样式没有手柄元素，但通常进度条本身较大，也能便于用户操作。例如，iOS系统控制中心上的亮度控制和音量控制进度条，如图4-8所示。

图4-8

4.1.5　表盘类组件

　　表盘类组件与上述所有组件都不同。这是一类设计比较复杂且体积通常比较大的UI组件，同时交互也相对复杂一些。其作用与进度条组件有些相似，通常用于控制某个指标数据区间量的大小。例如，设置一段睡眠时长，如图4-9所示。

　　表盘类组件与进度条组件在交互上还有一个差异，进度条只有一个可交互的点，即控制进度条的手柄，或者说进度样式自身可被拖曳交互；而图4-9所示的表盘类组件有两个可交互的点，表盘中的弧形两端均可以拖曳，分别控制两个时间点，即就寝时间点和起床时间点，以此控制时间区间的大小。

图4-9

4.2　实例1：创意进度条组件设计

本实例将绘制一个创意进度条组件，用一排从左到右变得越来越大且越来越复杂的树叶形状来表示该进度条控制的某项指标的增长。当用户从左到右滑动进度条时，树叶会被逐个点亮，如图4-10所示。

> **★ 资源位置**
>
> 🖼 实例位置　实例文件>第4章>实例1：创意进度条组件设计.psd
>
> ▶ 视频名称　视频文件>第4章>实例1：创意进度条组件设计.mp4

图4-10

⚙ 设计思路

（1）运用智能对象图层结合高斯模糊来实现发光效果，使用内阴影模拟凹陷挖孔图标的效果。

（2）尝试一种远距离投影效果，来模拟灯光打上去映射到墙上的感觉。

（3）使用自定义形状库中的图标。

4.2.1　制作进度条背景　🔍

1. 新建文档

（1）打开Photoshop，按Ctrl+N组合键新建一个空白文档，将宽度设置为1080、高度设置为640，单位为像素，如图4-11所示。然后单击"创建"按钮。

图4-11

（2）新建空白文档，双击背景图层，将其转换为普通图层，并命名为"底层背景"，如图4-12所示。

图4-12

2．为背景添加渐变效果

（1）为背景添加图层样式。双击"底层背景"图层调出"图层样式"窗口，勾选"渐变叠加"图层样式，将渐变色条左右两端的色值分别设置为#3f3f40和#292b2c，"角度"设置为135度，如图4-13所示。

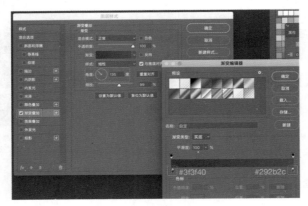

图4-13

（2）绘制一个椭圆并添加模糊效果，丰富渐变效果。选择椭圆工具，将"填充"色值设置为#515156、描边设置为无，绘制一个形状、大小和位置如图4-14所示的椭圆形状。

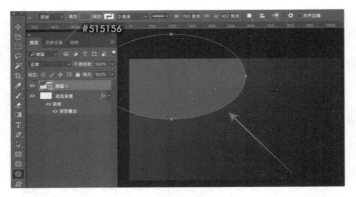

图4-14

（3）将这个椭圆图层转换为智能对象图层，添加一个"半径"为150像素的"高斯模糊"滤镜，将图层混合模式改为"滤色"，然后将此滤镜和"底层背景"图层编组，并命名为"背景"，如图4-15所示。

图4-15

3．添加主副标题

（1）添加主标题。按T键切换到横排文字工具，设置字体为Light、字体大小为60点、"字距调整"为150，输入文本"PROGRESS BAR"。双击这个字符图层调出"图层样式"窗口，勾选"投影"图层样式，设置"混合模式"为"正片叠底"、颜色值为#000000、"不透明度"为45%、"角度"为135度、"距离"为30像素、"大小"为9像素，如图4-16所示。

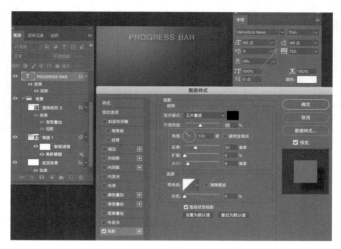

图4-16

（2）添加副标题。复制内容为PROGRESS BAR的文本图层，然后将文本内容修改为"Data indicator growth"，字体大小改为40点，"字距调整"改为50。再修改"投影"图层样式的参数，将"不透明度"改为20%，"大小"改为6像素，如图4-17所示。

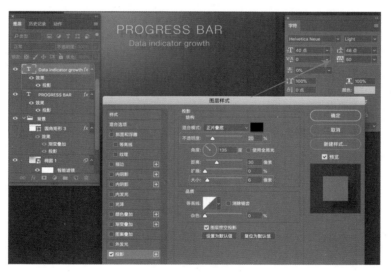

图4-17

4.2.2　绘制创意进度组件

1．绘制进度条背景

（1）绘制圆角矩形。选择椭圆工具，设置"填充"为任意颜色、"描边"为无、"半径"为10像素，绘制一个宽度为860像素、高度为40像素的圆角矩形，并将该图层重命名为"进度条背景"、"填充"改为0%，如图4-18所示。

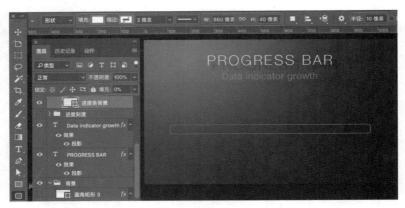

图4-18

（2）添加图层样式。双击"进度条背景"调出"图层样式"窗口，勾选"渐变叠加"和"内阴影"图层样式，设置"渐变叠加"图层样式的"混合模式"为"正片叠底"、渐变色条左右两端的色值分别为#6d6f72和# 555357、"角度"为4度，设置"内阴影"图层样式的"混合模式"为"正片叠底"、内阴影的色值为#323748、"不透明度"为30%、"角度"为90度、"距离"为12像素、"大小"为24像素，最终效果如图4-19所示。

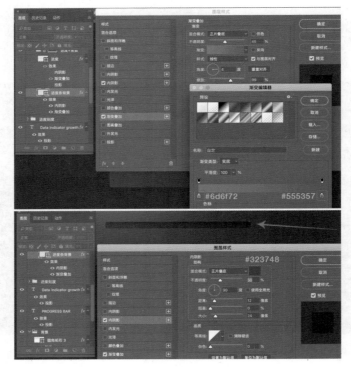

图4-19

2．绘制进度条

（1）切换到路径选择工具，选中"进度条背景"路径形状，按Ctrl+C组合键复制，然后按Ctrl+G组合键编组并重命名为"进度+背景"，再按Ctrl+V组合键粘贴刚才复制出的矢量路径作为矢量蒙版，如图4-20所示。

图4-20

（2）选择圆角矩形工具，将"半径"改为5像素，然后在新建的编组图层"进度+背景"中绘制一个宽度为480像素、高度为40像素的圆角矩形，并将所在图层重命名为"进度"，位置参考图4-21。

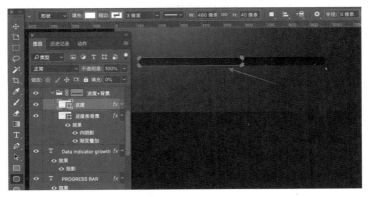

图4-21

（3）双击"进度"图层调出"图层样式"窗口，勾选"渐变叠加"图层样式，设置"混合模式"为"变亮"、渐变色条左右两端的色值分别为#b7ffe0和#ffefa4、"角度"为4度，如图4-22所示。

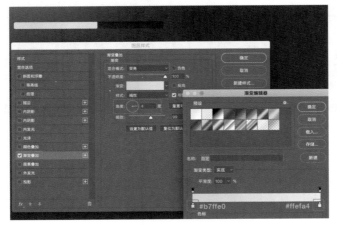

图4-22

（4）为这个进度条添加一些光效。按Ctrl+J组合键复制"进度"图层，然后将其拖出编组图层"进度+背景"之外，并重命名为"进度 发光"，将"不透明度"改为40%，在"进度 发光"图层上单击鼠标右键，在弹出的菜单中选择"转换为智能对象"选项，如图4-23所示。

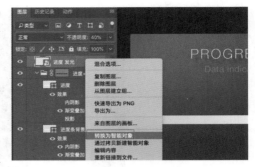

图4-23

（5）添加"高斯模糊"滤镜。保持"进度 发光"图层为选中状态，执行"滤镜>高斯模糊"命令，添加一个"高斯模糊"滤镜，并将"半径"设置为15像素，如图4-24所示。

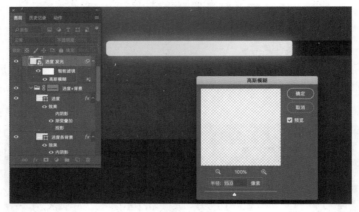

图4-24

3．绘制象征参数变化的树叶图标组

（1）选择自定义形状工具，单击工具属性栏中"形状"右侧的向下箭头按钮会弹出形状下拉面板，此时看到默认的预设形状很少，需要添加更多预设形状图标。单击齿轮图标 ⚙，在弹出的菜单中选择"全部"，追加全部预设图标，如图4-25所示。

图4-25

（2）绘制8个树叶图标。通过上一步骤，预设形状图标面板变大了很多，增加了很多预设图标，如图4-26所示。从中选择红色矩形框标示的8个树叶图标，绘制在进度条上方，将它们横向平均分布排列，并按Ctrl+T组合键调出自由变换手柄，以调整图标大小，然后将这8个图标从左到右逐个放大，并将其倾斜角度调整得相对一致，如图4-27所示。将图标图层依次命名为树叶1～树叶8，再选中这8个图层编组，命名为"树叶icon组"。

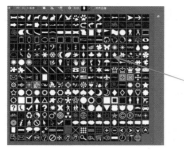

图4-26　　　　　　　　　　　　　　　　　　　　图4-27

4. 为树叶图标添加效果

（1）为进度条所在位置的树叶添加发光效果。为树叶添加发光效果的步骤和为进度条添加发光效果相同。首先复制"进度"图层的图层样式，然后选中"树叶5"图层，也就是从左往右数第5个树叶图标，单击鼠标右键，选择弹出菜单中的"粘贴图层样式"选项，如图4-28所示。

图4-28

（2）按Ctrl+J组合键复制"树叶5"图层，重命名为"树叶 发光"，然后将其转换为智能对象，并添加"高斯模糊"滤镜，如图4-29所示。

图4-29

（3）为其他树叶图标添加不同的效果。先复制进度条背景的图层样式，然后同时选中发光树叶右侧的3个树叶图标，粘贴图层样式，如图4-30所示。

（4）为其他树叶图标添加另一种样式。先复制发光的"树叶5"图标的图层样式，然后将这个图层样式粘贴到图层"树叶5"左侧的4个图标上，并将这4个图层的不透明度改为40%，如图4-31所示。

图4-30

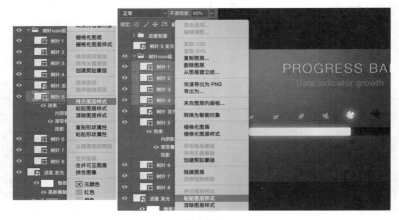

图4-31

4.2.3 绘制进度条刻度 🔍

接下来为整个进度条添加一些细节。

1. 绘制高亮刻度

（1）使用椭圆工具绘制一排5个宽高都是8像素的小圆点，然后切换到圆角矩形工具，在每两个圆点之间绘制5条宽度为1像素、高度为12像素的矩形，且平均分布，如图4-32所示。

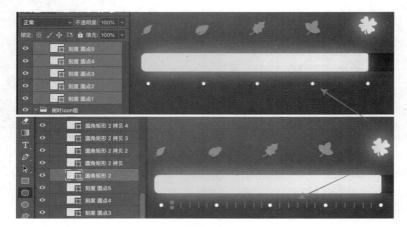

图4-32

（2）添加图层样式。将所有刻度图层编组并重命名为"高亮刻度组"。然后复制发光树叶的图层样式，粘贴到"高亮刻度组"编组图层上，并将"填充"改为0%，如图4-33所示。

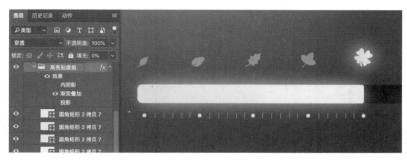

图4-33

2. 绘制其他刻度

（1）复制刻度组。将第1个圆点和第2个圆点之间的5条刻度线和第2个圆点同时选中，按Ctrl+J组合键复制，再将新复制的形状图层编组，重命名为"暗刻度组1"，将该编组图层拖出编组图层"高亮刻度组"之外，然后复制2组，分别重命名为"暗刻度组2""暗刻度组3"，最后分别移动它们的位置，如图4-34所示。

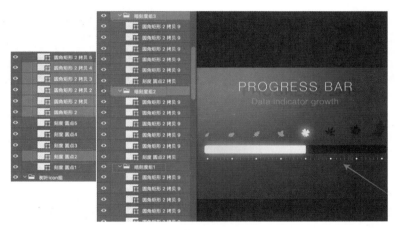

图4-34

（2）添加图层样式。复制"进度条背景"图层的图层样式，然后粘贴到编组图层"暗刻度组1""暗刻度组2""暗刻度组3"上，如图4-35所示。

图4-35

3. 添加刻度数字

（1）添加文字图层。使用横排文字工具在发光树叶所在的刻度下，添加一个字体大小为48点、字体为Light、字体颜色任意的数字"5.0"。然后将发光树叶的图层样式复制到这个数字图层上，效果如图4-36所示。

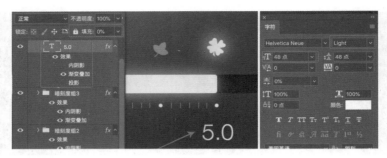

图4-36

（2）添加发光效果。复制数字图层并转换为智能对象，然后添加"高斯模糊"滤镜，如图4-37所示。

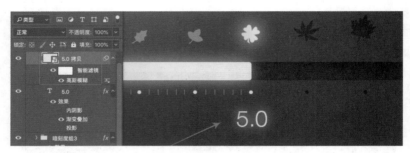

图4-37

（3）为数字刻度添加一层投影。将作为发光效果的智能对象图层"5.0 复制"移动到文字图层"5.0"下方。双击数字图层"5.0"调出"图层样式"窗口，勾选"投影"图层样式，设置"混合模式"为"正片叠底"、颜色为#000000、"不透明度"为76%、"角度"为135度、"距离"为24像素、"大小"为12像素，如图4-38所示。至此，本实例基本绘制完成。

图4-38

4.3　实例2：创意切换标签组设计

微课

实例2

本实例将绘制一个创意切换标签组，被选中的标签好像一盏灯，自身在发光的同时照亮了标签组的底板。最终完成效果如图4-39所示。

图4-39

资源位置

実例位置　实例文件>第4章>实例2：创意切换标签组设计.psd

视频名称　视频文件>第4章>实例2：创意切换标签组设计.mp4

设计思路

（1）被选中的标签自身采用外发光、图层渐变和高斯模糊来模拟发光效果。

（2）底板的照亮效果综合使用智能对象、高斯模糊和渐变图层蒙版实现。

4.3.1　绘制标签组背景

1. 新建文档

（1）打开Photoshop，按Ctrl+N组合键新建一个空白文档，将宽度设置为1080、高度设置为640，单位为像素，如图4-40所示。

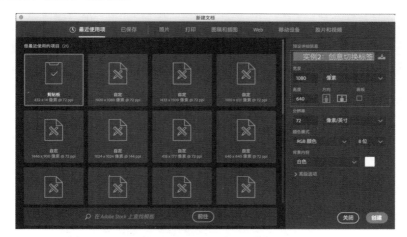

图4-40

（2）新建空白文档后，双击背景图层，转换为普通图层，并命名为"底层背景"，如图4-41所示。

图4-41

2. 为背景添加渐变效果

双击"底层背景"图层调出"图层样式"窗口，勾选"渐变叠加"图层样式，设置渐变色条左右两端的色值分别为#222227和#37383f、"角度"为135度，如图4-42所示。创建一个深蓝紫色调的渐变背景。

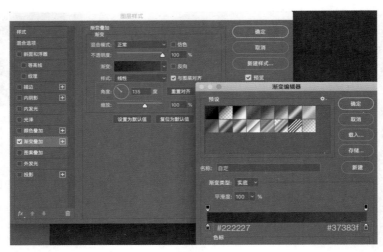

图4-42

3. 绘制标签底座

（1）使用钢笔工具绘制一个图4-43所示的矢量形状（具体绘制过程可参考本实例的视频教程），大小和位置如图4-42所示。

（2）将上一步骤绘制的矢量形状所在图层转换为智能对象图层，按Ctrl+J组合键复制一个图层并水平翻转，将其移动到合适的位置，拼成一个完整的标签底座形状。这里之所以要先转换为智能对象图层再复制，是因为后面如果需要调整形状，则对于智能对象图层，只需要调整原始的智能对象图层，其他复制的智能对象图层会同步更新，使用起来非常方便。

（3）将两个智能对象图层编组，并重命名为"标签底座"，如图4-43所示。

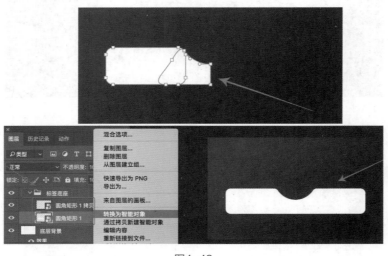

图4-43

4.3.2 创建标签底座的照亮效果和未选中标签的文字图标

1. 为标签底座添加图层样式

双击"标签底座"编组图层，打开"图层样式"窗口，勾选"渐变叠加"图层样式，将"角度"改为160度、渐变色条左右两端的色值分别改为#161618和#1f2122，绘制一个比背景更深的深灰色调，如图4-44所示。

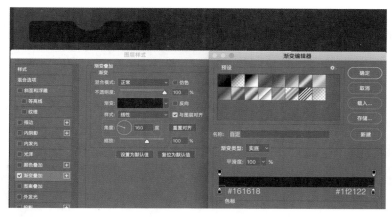

图4-44

2. 为标签底座添加边缘照亮效果

（1）复制标签底座。保持编组图层"标签底座"为选中状态，按Ctrl+J组合键复制出一个新的编组图层，双击复制出的编组图层调出"图层样式"窗口，勾选"内阴影"图层样式，设置"混合模式"为"变亮"、阴影色值为#ff9abb、"角度"为90度、"距离"为4像素、"大小"为2像素，如图4-45所示。

图4-45

（2）按Ctrl+G组合键再次编组并重命名为"标签底座 照亮边缘"，双击该编组图层调出"图层样式"窗口，勾选"外发光"图层样式，设置"混合模式"为"线性减淡（添加）"、"不透明度"为30%、发光颜色为#ff517a、"大小"为30像素，最终效果如图4-46所示。

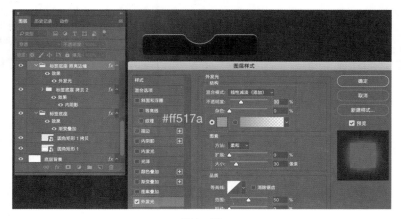

图4-46

（3）添加图层蒙版。保持编组图层"标签底座 照亮边缘"为选中状态，单击图层面板底部的"添加矢量蒙版"按钮，为该编组图层添加一个矢量蒙版，如图4-47所示。按G键切换到渐变工具，单击工具属性栏中的渐变色条调出"渐变编辑器"窗口，再单击渐变色条中间位置，为其添加一个颜色手柄并设置为#ffffff，两端手柄均设置为#000000。

（4）设置好渐变工具之后，返回画布，选中编组图层"标签底座 照亮边缘"的图层蒙版，将渐变工具从左往右拉出一条两边黑、中间白的渐变，这样亮粉色边缘就有了"两边黑、中间亮"的效果，如图4-48所示。

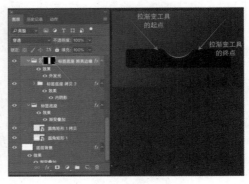

图4-47　　　　　　　　　　　　　　　　　　图4-48

（5）细化照亮效果。需要复制多个"标签底座 照亮边缘"编组图层并微调，使这个初步成型的照亮效果更加丰富。单击"标签底座 照亮边缘"编组图层的文件夹图标，切换选中图层本身（刚才选中的是图层蒙版），然后按2次Ctrl+J组合键复制2个编组图层，再使用渐变工具在两个图层蒙版上分别绘制一个更宽和更窄的黑白渐变条。将蒙版渐变比较宽的那个图层的"不透明度"改为10%，并关闭这一图层原先的"外发光"图层样式，最终效果参考图4-49。

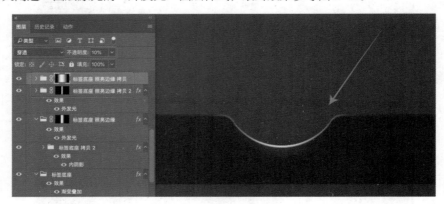

图4-49

3. 添加底座下方的照亮效果

（1）创建底座形状的蒙版。同时选中所有"标签底座"编组的图层（包括3个照亮边缘效果的图层），按Ctrl+G组合键编组，并重命名为"标签底座+效果"，以使其作为标签底座组件的总编组。

（2）切换回"标签底座"图层，在按住Ctrl键的同时，单击智能对象图层"圆角矩形 1"，可以看到自动形成了一个标签底座形状的选择区域，但是现在只有一半，所以需要再同时按住Ctrl+Shift组合键，单击编组图层中的另一个智能对象图层"圆角矩形 1 复制"，添加一个选择区域，现在这个底座的选择区域就完整了，如图4-50中红色箭头所指。

（3）保持这个选择区域为激活状态，切换选中"标签底座+效果"总编组图层，单击图层面板底部的"添加矢量蒙版"按钮，可以看到生成了一个以刚才创建的选择区域为形状的蒙版。

（4）为这个添加了蒙版的总编组图层"标签底座+效果"创建一个"投影"图层样式。双击总编组图层"标签底座+效果"，调出"图层样式"窗口，勾选"投影"图层样式，设置投影颜色为#251e4f、"不透明度"为30、"角度"为90度、"距离"为36像素、"大小"为60像素，如图4-50所示。

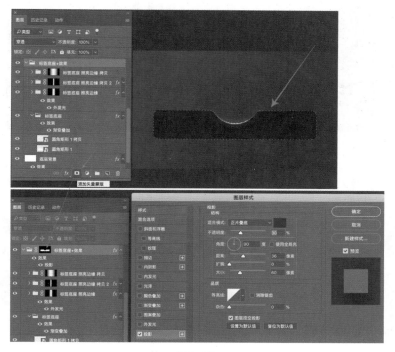

图4-50

（5）用画笔绘制一个照亮效果的图层。按B键切换使用画笔工具，设置颜色为#ffa9bb、画笔"大小"为250像素、"硬度"为0%（也就是画笔羽化程度最大）、画笔的"不透明度"为50%。在绘制照亮效果之前，先单击图层面板底部的"创建新图层"按钮，新建一个图层，再绘制一个亮粉色的羽化模糊的圆形，模拟出照亮的效果，如图4-51所示。

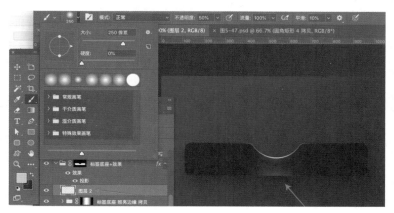

图4-51

4．为底座添加其他未选中标签的图标和文字

（1）拖入作为图标的图片素材并调整样式。从"图片素材/第4章/4.3 综合实例：创意切换标签组"文件夹中找到图片素材"Recommend Icon.png"和"Profile Icon.png"，并将其拖入Photoshop当前正打开的工程文件中，可以看到拖进来的图片素材自动转换为智能对象图层。将这2个图标分别摆放在底座的左右两侧，缩小其尺寸并移动到图4-52所示的位置，并将这两个图层的"不透明度"改为20%。

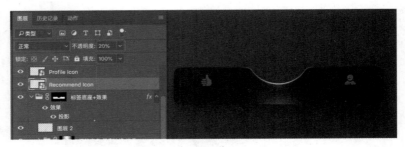

图4-52

（2）添加标签字符。切换到文字工具，设置文字字体大小为28点、字体为Light、字体颜色为纯白色#ffffff，添加两个字符图层并编辑字符内容为"Recommend"和"My Profile"，然后摆放在左右两侧各自对应的图标下面，将字符图层的"不透明度"改为50%，如图4-53所示。

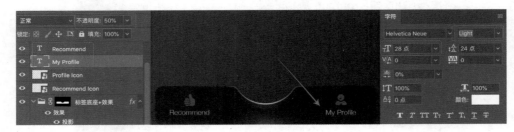

图4-53

4.3.3 绘制选中样式的标签

1．绘制选中标签的圆形背景

（1）绘制圆形。选择椭圆工具，在工具属性栏中将"描边"设置为无、"填充"设置为任意颜色，绘制一个宽度和高度均为208像素的正圆形，放置于相对底座正中间的位置，再将其移动到标签底座中央凹陷处的上方，如图4-53所示。

（2）添加图层样式。绘制完圆形后，双击调出"图层样式"窗口，勾选"渐变叠加"图层样式，设置渐变色条左右两端的色值分别为#ff6493和#ff7c6a、"角度"为90度，如图4-54所示。

2．为背景添加细节

（1）复制选中标签背景圆形。保持刚绘制的圆形为选中状态，按Ctrl+J组合键复制一层，将"不透明度"改为60%，在新图层上双击调出"图层样式"窗口，将"混合模式"改为"滤色"，渐变色条左端的色值改为#ff709c，右端的色值可以不调整。然后单击选中渐变色条上面右端的手柄（用以控制颜色的不透明度），将"不透明度"改为0%，并向左移动到图4-55所示的位置。

（2）为选中的标签背景添加矢量形状蒙版。选择路径选择工具，选中"椭圆1"的正圆形矢量形状，按Ctrl+C组合键复制一个矢量形状图层，然后将这两个正圆形矢量形状图层编组，并重命名为"选中标签背景"。保持这个编组图层为选中状态，按Ctrl+V组合键粘贴矢量形状为矢量蒙版，如图4-56所示。

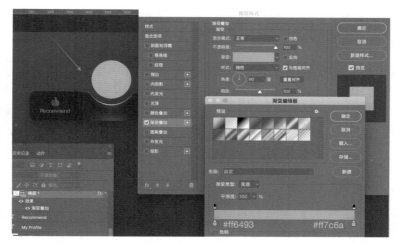

图4-54

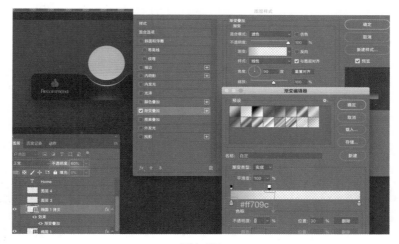

图4-55

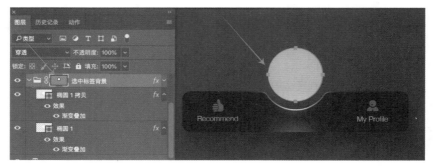

图4-56

（3）用画笔工具绘制内部发光效果。按B键切换到画笔工具，将画笔色值设置为#ffb1b1、笔刷大小设置为500像素、硬度设置为0。新建一个图层，将其放置在标签背景矢量形状图层之上，然后在圆形上方区域单击，绘制一个笔刷点，也就是一个羽化模糊的圆点。

（4）新建一个图层，继续使用画笔工具，将颜色改为#ffbcd4，将笔刷大小适当缩小一些，再将"硬度"设置为0，在标签背景圆形下方区域单击，在图4-57所示的位置添加一个新的笔刷圆点。

（5）将两个图层的混合模式均改为"滤色"，再将两个图层同时选中，并将其拖曳到编组图层"选中标签背景"内。最终效果如图4-58所示。

图4-57   图4-58

3. 为选中标签添加外发光

双击编组图层"选中标签背景"，调出"图层样式"窗口，勾选"投影"图层样式，设置"混合模式"为"变亮"、投影颜色为#f24360、"不透明度"为30%、"距离"为20像素、"大小"为36像素，如图4-59所示。

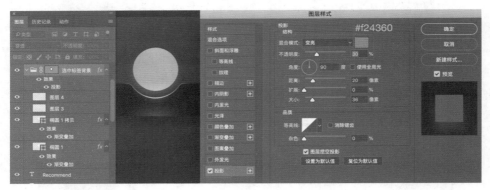

图4-59

4. 添加选中标签的图标和文字

（1）导入图标的图片素材。在"图片素材/第4章/4.3 综合实例：创意切换标签组"文件夹中找到图片素材"Home Icon.png"，并将其拖入Photoshop内当前正打开的工程文件中。按Ctrl+T组合键调出自由变换手柄，将图标缩小至原先的50%，再将其移动到图4-60所示的位置。

（2）添加图层样式。双击"Home Icon"图层，调出"图层样式"窗口，勾选"渐变叠加"和"外发光"图层样式。将"渐变叠加"图层样式的"混合模式"改为"滤色"，渐变色条左右两端色值分别设置为#ffffff和#ffd1b8，"角度"设置为30°。将"外发光"图层样式的"混合模式"改为"线性减淡（添加）"，"不透明度"设置为30%，外发光颜色设置为#ffbdbb，"大小"设置为12像素，最终效果如图4-61所示。

（3）添加选中标签的文字。选择文字工具，将字体设置为Bold、字体大小设置为36点，在Home icon图标下添加一个内容为"Home"的文字图层，如图4-62所示。至此，本实例基本绘制完成。

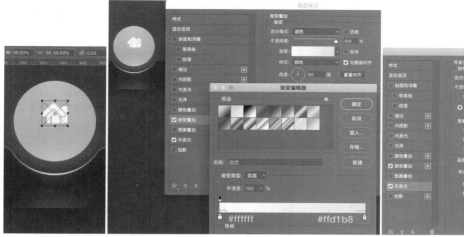

图4-60

图4-61

图4-62

4.4 拓展训练：创意时钟表盘设计

本实例作为课后练习案例，需要运用许多综合技巧，绘制一个相对复杂的组件。组件包含一个拨动表盘和两个拨动手柄。这两个拨动手柄分别是：作为设定入睡时间的手柄，使用了月亮图标；作为设定起床时间的手柄，使用了太阳图标。两个手柄中间的渐变色条从日出的浅黄色到后半段夕阳的橙红色，最后到尾部代表夜晚的冷蓝色，如图4-63所示。

📷 资源位置

📷 **实例位置**　实例文件>第4章>拓展训练：创意时钟表盘设计.psd

🎬 **视频名称**　视频文件>第4章>拓展训练：创意时钟表盘设计.mp4

☢ **图片素材**　图片素材>第4章>拓展训练：创意时钟表盘设计

图4-63

⚙ 设计思路

　　本实例最核心的内容是月亮和太阳两个手柄图标，以及包含3种颜色的渐变色条样式。首先绘制月亮图标。

　　（1）月亮图标如图4-64所示。月亮图标主要包含以下几种元素和样式：用来表示月球的标志性元素——"环形山"的圆点，用渐变样式表现"凹陷"效果。月球的阴暗面也使用两个圆形来打破完整弧形明暗交界线，表现明暗交界处的"环形山"元素。这里表现凹陷的手法是将圆形形状与明暗交界弧形的形状关系设置为"减去顶层形状"，如图4-65所示。

图4-64 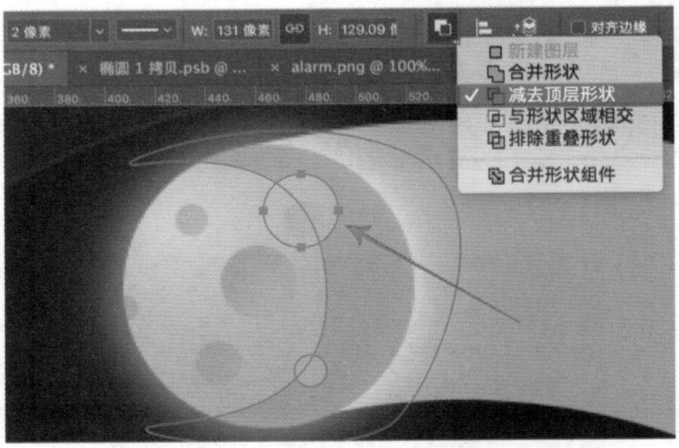　　　　　　　　　　　　　　　　　图4-65

　　利用形状之间不同组合关系来绘制各种复杂形状的相关技巧，可以复习2.3.1小节。

　　（2）月球外发光效果。很多方法都能实现类似的发光效果。例如，"外发光"图层样式，或者为浅蓝色圆形添加模糊效果来模拟发光。如果想将投影改成外发光效果，则只需要将默认的"正片叠底"混合模式改为"滤色"即可。

　　（3）太阳图标如图4-66所示。太阳图标包含和月亮图标类似的外发光效果。添加"分层云彩"滤镜的一个纯色图层，

图4-66

创建出一块块斑点的效果，并使用"曲线"调整对比度，然后添加"高斯模糊"滤镜进行模糊处理，以模拟太阳表面那种斑点效果，如图4-67所示。

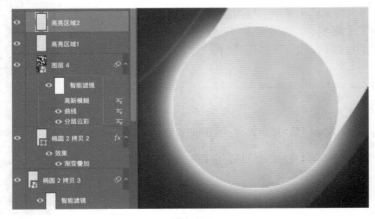

图4-67

（4）太阳和月亮之间的一段弧形渐变色段，代表了
入睡和起床之间的时长。这一段仍然使用前面用过多次
的"渐变叠加"图层样式，只是在渐变色条中间单击再
插入一个新的颜色手柄，将颜色设置为代表夕阳晚霞的
橙红色，如图4-68所示。

图4-68

（5）表盘周围的一圈刻度。通过这个刻度可以看到
细节在每一段刻度细线两端渐隐羽化的效果，从整体上刻度圈能够更好地融合在凸起表盘的明暗过
渡中，如图4-69所示。

其实只需要一圈边缘羽化模糊的圆环作为一圈基础钟表刻度的图层蒙版，即可实现差不多的效
果。本实例技巧主要有以下3点。

① 使用矩形工具每旋转6度绘制一条细线，组成一圈由60条细线围成的线圈（细线数字供参
考，主要体现刻度的疏密效果），再绘制一圈圆环形状作为矢量蒙版，这样就先创造了一圈最简单
的基础刻度。注意要打包成一个编组，因为后面还要再添加用于模糊边缘图层蒙版。

② 绘制一圈粗细和矢量蒙版差不多的圆环，并添加模糊效果，形成边缘羽化（如
图4-70所示的一圈模糊的浅黄色圆环，红色箭头所指），然后按住Ctrl键单击这个圆环图层，即可
提取出一个边缘同样羽化模糊的选择区域。

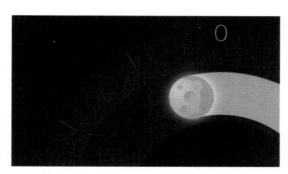

图4-69

图4-70

③ 保持这个选择区域处于激活状态（即代表区域的虚线处于移动状态），再切换选中刻度线编
组图层，单击图层面板底部的"添加图层蒙版"按钮 ，可将这个提取出来的边缘羽化模糊的选
择区域作为被选中刻度线编组图层的图层蒙版，实现刻度两端的羽化模糊效果。

（6）表盘背景的凸起效果其实就是用两个一深一浅、角度相反的投影效果模拟出来的，可以参
考第2章的"2.3 实例2：'石膏'质感的计时器表盘设计"中的凸起表盘绘制技巧。

第 **5** 章

Web UI 的基本框架与创意设计

本章导读

　　本章主要学习使用Photoshop设计绘制几种常见类型的Web端页面，如图片收集、作品展示、信息资讯类网页常见的瀑布流式错落网格分布的网页设计；类似苹果、大疆无人机、微软Surface等电子消费产品，用大图片加少量文字组合的官方网页设计，如图5-1所示；常见于后台管理工具类的数据看板网页设计。

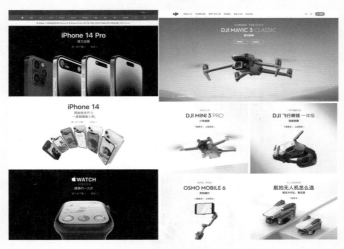

图5-1

学习要点

❖ 瀑布流式错落网格分布的Web首页设计
❖ 电子产品官网的Web首页设计
❖ 综合实例：数据可视化看板Web UI设计

5.1 Web UI基本框架类型

5.1.1 Web页面基本组成部分

　　在广阔无垠的网络世界中，Web网页各式各样，数不胜数。按网页框架结构分类，可以将网页分为3个组成部分。第一，导航（菜单），通常位于顶部的横排布局。第二，正文内容，如列表、卡片展示页、详情内容页等。第三，栏目，如相关内容的标题列表。常见的网页结构（尤其是资讯、信息集合类网站）为顶部是导航栏（"读书""电影""音乐"等），右侧是栏目区域，左侧是正文内容，如图5-2所示。

　　这3个组成部分并不是每一个网页都有的。很多网页只有导航栏和正文两个部分。例如，搜狗搜索的首页仅有顶部的导航栏和下方的正文内容，正文内容部分也仅有一个搜索输入框，如图5-3所示。

图5-2

图5-3

　　图5-4所示为知名的全球设计网站dribbble的首页，其网页结构由顶部的导航栏和下方的正文内容两部分组成。目前，很多公司、组织的官网首页都采用这种设计。

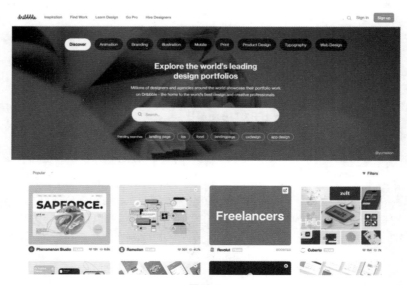

图5-4

　　现在仅有导航和栏目的网页比较少见，但也不是没有。笔者认为互联网早期常见的很多门户网站（如hao123、搜狐、新浪、腾讯网等）可以算是这种类型。页面除了导航以外，原本属于正文的区域基本被各种栏目板块填满。

5.1.2　Web首页设计

首页通常是一个网站的门面，关乎用户对网站的第一印象，展示的内容都是精心挑选的，设计也往往是最为精美和考究的，尤其是公司或者组织的官方网站首页会花费设计师最大的精力去设计。

企业官网首页的框架类型有类似一张长图海报的样式，它们内容不多，但运用了大面积的精美图片或者交互动效。也有类似资讯网站的样式，它们内容较多，结构较为复杂，如阿里云的官网，如图5-5所示。

这类首页看似复杂，其实真正的框架是非常相似而通用的。首先最上方区域除了顶部导航栏，一般是一组Banner图，用于宣传最新推荐的内容。接下来是一段一段的图文组合，用于展示具体的内容，如公司的具体业务、具体产品或者具体案例故事等。图文组合的设计样式多种多样，但基本都离不开"图/图标+标题文字段落"的组合，如图5-6所示；也有以卡

图5-5

片的形式来分类组织内容的，如图5-7所示。几乎所有的企业官网都采用了这种框架，尤其是为企业提供服务业务的企业网站。

还有一类特殊的首页是一种常见于设计作品分享展示的社区网站，如国内的站酷，海外的Dribbble、behance等，或者图片分享展示的网站，如国内的花瓣网、国外Pinterst等网站的首页。这类网站采用了瀑布流式的网页设计方式，即用户一边浏览，一边下拉刷新内容，且网页可以无限下拉，如图5-8所示的花瓣网"发现"页。目前狭义上的瀑布流网页一般指的就是花瓣网这种卡片错落分布的网页。

本章的实例1将学习设计一个类似图5-8花瓣网那样错落分布的瀑布流网页。

图5-6

图5-7　　　　　　　　　　　　　　　　　　　图5-8

5.1.3　内容展示主页的类型

Web页面的内容展示主页一般是指某个导航菜单的落地页。所谓落地页，可以理解为菜单对应的内容页面。落地页大致上可以分为两类。第一类采用类似图文结合的文章样式来组织和展示内容。图5-9所示为Saleforce官网的Industries菜单下的Automotive内容页，它就像一篇图文结合的文章。第二类是用表格、列表、卡片等组件单元来组织内容。图5-10（a）所示的Grain.com的个人主页和图5-10（b）所示的内容展示页（Grain.com是一款国外的会议录制产品），分别是以列表为主要内容组织形式的页面和以卡片为主要内容组织形式的页面。

（a）

（b）

图5-9　　　　　　　　　　　　　　　　　　　图5-10

　　第一类文章样式的内容展示页排版样式千变万化，而本章简要介绍3种第二类内容组织样式。尤其是面向企业使用的内部工具类Web页面的导航菜单落地页，它是由大量表格、列表、卡片等组件组织起来的页面，适合数据呈现、数据管理和项目管理等应用场景。

5.2　实例1：多边形拓扑结构风格的Web首页设计

　　本实例将设计一个以多边形拓扑结构可视化风格为主且具有科技风格的Web首页。它以模拟多边形拓扑结构可视化点线阵列作为背景，加上模拟远近景深的效果，创建富有空间感的虚拟电子空间背景。在页面上绘制一个内核发光的多边形金属材质立体物作为整个页面的绝对视觉重心，进一步奠定整个页面的科技风格。当然，作为Web首页，其内容也包含了该站点的主、副标题，站点一级导航菜单等基础UI组件，最终效果如图5-11所示。

微课

实例1

图5-11

★ 资源位置

　　🖼 实例位置　实例文件>第5章>实例1：多边形拓扑结构风格的Web首页设计.psd

　　🎞 视频名称　视频文件>第5章>实例1：多边形拓扑结构风格的Web首页设计.mp4

⚙ 设计思路

　　（1）复制多个背景图层，添加不同模糊值的"高斯模糊"滤镜，并通过图层蒙版来模拟远近不同景深的效果。

　　（2）运用矢量蒙版叠加不同深浅的渐变，以模拟镜面反光金属材质效果。

5.2.1　绘制背景和基础UI组件　🔍

1. 新建文档

　　（1）打开Photoshop，按Ctrl+N组合键新建一个空白文档，将宽度设置为1920、高度设置为1280，单位为像素，如图5-12所示。然后单击"创建"按钮。

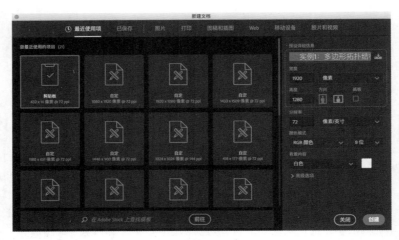

图5-12

（2）双击默认生成的背景图层，将其转换为普通图层，并命名为"底层背景"，如图5-13所示。

图5-13

2. 为底层背景添加渐变

双击"底层背景"图层，调出"图层样式"窗口，勾选"渐变叠加"图层样式，将渐变色条左右两端的色值分别设置为#0c0c14和#22262b、渐变"角度"设置为90度，如图5-14所示。

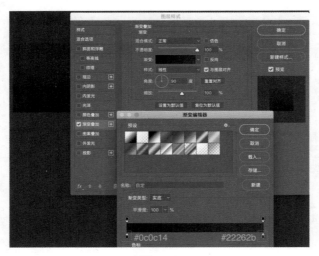

图5-14

3．添加导航栏组件

（1）添加文本。使用横排文字工具编辑添加5个文本图层，内容分别为"Hello friends"
"Menu1""Menu2""Menu3""Menu4"，字体大小均为28点，将它们摆放在界面的左上角区域和
右上角区域，具体位置如图5-15所示。然后将Menu1的字体设置为Bold粗体字，字体颜色设置为
#ffd75c。其他文本字体均设置为Light细体字，字体颜色均设置为#ffffff，最终效果如图5-15
所示。

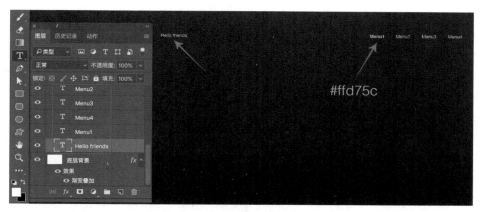

图5-15

（2）为"Menu1"添加选中标识条组件。选择矩形工具（注意不是圆角矩形工具），绘制一
个矩形，大小参考图5-16所示的红色箭头所指矩形，将其摆放到"Menu1"正上方，并将图层
命名为"menu选中态"。双击该矩形图层，调出"图层样式"窗口，勾选"外发光"图层样式，
设置"混合模式"为"线性减淡（添加）"、"不透明度"为15%、色值为#ffdc51、"大小"为30
像素。

（3）将"menu选中态"的图层样式复制并粘贴到同为选中态的菜单文本图层Menu1中。将所
有文本图层和"选中态标识条"组件编组，并重命名为"导航栏"，最终效果如图5-16所示。

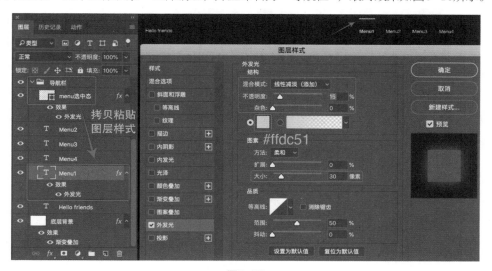

图5-16

4. 添加主副标题组件

（1）添加主副标题文本。这里还是使用横排文字工具，字体大小仍为28点，字体样式为Light细体字，颜色均为#ffffff，编辑添加两个文字图层，一个是欢迎语"Welcome to"，另一个是一长段文本段落（内容可以由读者自定），摆放位置参考图5-17。

（2）添加主标题。添加一个参考内容为"The name of website about Polygon"，分两行的文字作为主标题，将字体大小设置为84点（参考值）、字体样式改为Bold粗体字，摆放在之前的两个小文字之间的区域，如图5-17所示。注意3个文字图层均左对齐。

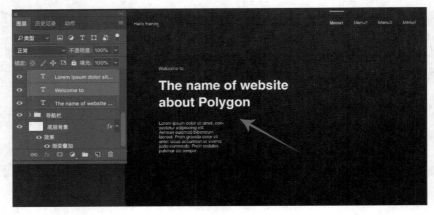

图5-17

（3）添加装饰性元素。使用矩形工具绘制一个宽度和高度均为60像素的正方形，把它放在欢迎语"Welcome to"的上方区域，并和文字左对齐，将该正方形所在的图层重命名为"主标题装饰元素"。因为后面要给正方形添加"渐变"图层样式，所以正方形的颜色可以任意选择。然后将"主标题装饰元素"图层和其他主副标题文字图层一起选中，按Ctrl+G组合键编组，并重命名为"Web主副标题"，如图5-18所示。

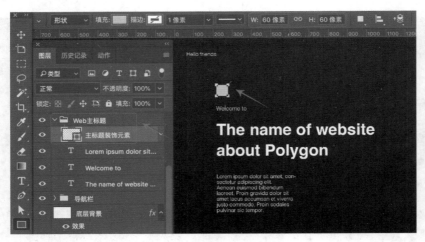

图5-18

（4）为作为装饰元素的正方形添加图层样式。双击正方形所在的"主标题装饰元素"图层，调出"图层样式"窗口，勾选"渐变叠加"图层样式，将"角度"改为126度、渐变色条左右两端的色值分别设置为#ff7f52和#ffd145，如图5-19（a）所示。勾选"外发光"图层样式，设置"混合模式"为"线性减淡（添加）"、"不透明度"为15%、外发光颜色值为#ffdc51、"大小"为60像素，如图5-19（b）所示。

（a）

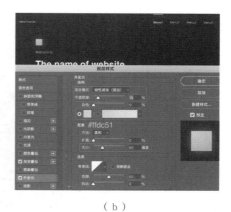
（b）

图5-19

（5）将主副标题文本和装饰性元素的矩形图层全部选中，按Ctrl+G组合键编组，并重命名为"Web主标题"。

5. 添加角落链接组件

（1）添加链接文本。选择横排文字工具，字体颜色保持#ffffff不变，字体大小为28点，字体样式为Light细体字，在画布右下角添加文本"The other link"，如图5-20所示。

（2）添加六边形装饰性元素。选择多边形工具，在工具属性栏中将多边形的"边"设置为6，即六边形，在右下角的链接文本左侧绘制一个大小如图5-20所示的六边形。复制刚才绘制的主标题上的装饰性矩形元素的图层样式，然后粘贴到这个新的六边形上。

（3）将链接文本The other link和六边形一起编组并重命名为"右下角链接"，如图5-20所示。

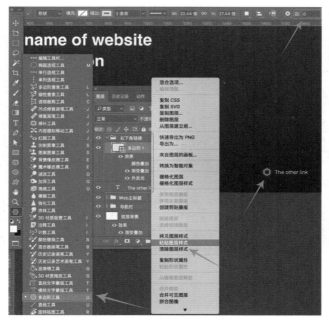

图5-20

5.2.2 绘制多边形拓扑结构阵列背景图

1. 绘制基础网格阵列

（1）切换到钢笔工具，设置"填充"为无、"描边"为1、描边颜色为#ffffff。在底层背景之上绘制若干条折线，大致是井字形网格，但是表现出一定的表面起伏，而不是完全纯平的井字形网格（钢笔工具的使用方法可参见"1.2.1 钢笔工具"章节部分），如图5-21所示。

（2）将刚才绘制的所有网格折线图层选中，按Ctrl+G组合键编组，并重命名为"网格结构线"，如图5-21所示。

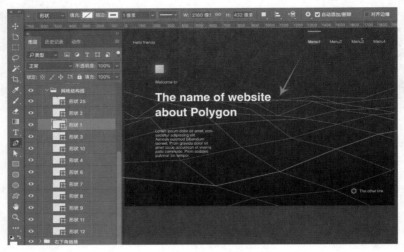

图5-21

2. 丰富网格阵列层次感

（1）选择钢笔工具，将描边大小改为2像素，绘制两条横穿整个网格阵列且较粗的折线。在实际操作时，设计者可以按照自己的喜好绘制更多的粗线。将这2条较粗的折线一起选中，按Ctrl+G组合键编组并重命名为"横贯粗线"，如图5-22所示。

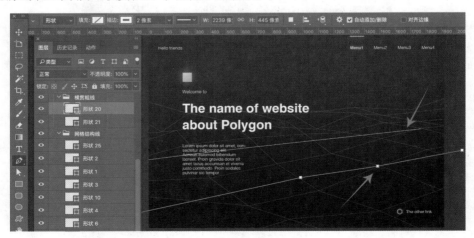

图5-22

（2）选择钢笔工具，将描边粗细改回1像素，绘制井字形网格内部的X形结构线，X形结构线在视觉上需要弱于基础网格阵列。将所有绘制的X形结构线选中，按Ctrl+G组合键编组，并重命名为"X结构线"，如图5-23所示。

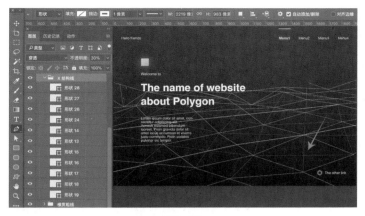

图5-23

3. 为网格结构线增加绘制联结节点

（1）先选中多边形工具，将"填充"设置为#ffffff、"描边"设置为无，绘制一个六边形并适当倾斜，再将图层"不透明度"设置为80%，如图5-24（a）所示。

（2）选择钢笔工具，在不改变绘制模式的情况下，将"填充"设置为#ffffff、"描边"设置为无，绘制一个图5-24（b）所示的菱形形状，作为正方体的顶部面，以模拟出一个立体的正方体效果。

（3）将两个图层编组，并重命名为"联结点"，如图5-24（b）所示。

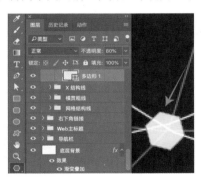
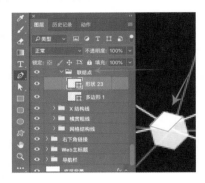

（a）　　　　　　　　　　　　　　　（b）

图5-24

（4）复制联结点，散布到整个网格阵列上。多次复制"联结点"编组图层，将它们逐个分布到网格阵列的交叉结构点上，并依据近大远小的透视原则，适当调整各个"连接点"的大小，最终效果如图5-25所示。最后将所有"联结点"编组图层编组，并重命名为"联结点 组"。

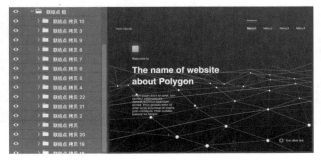

图5-25

4．绘制少量三角形填充结构面

（1）选择钢笔工具，将"填充"设置为#ffffff、"描边"设置为无，然后在部分网格内部绘制三角面。将图层的"不透明度"设置为4%～12%，最终效果如图5-26所示。最后将所有三角结构面图层编组，并重命名为"结构面"。

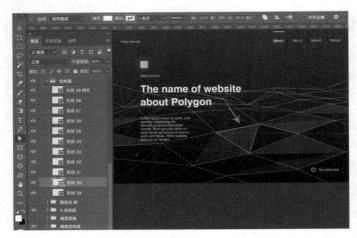

图5-26

（2）将所有多边形拓扑结构网格阵列相关的编组图层编组，并重命名为"背景结构线面"。

5．为多边形拓扑结构网格阵列绘制图层蒙版

（1）添加图层蒙版。选中"背景 结构线面"编组图层，单击图层面板底部的"添加图层蒙版"按钮 ，为"背景 结构线面"编组图层添加一个图层蒙版，如图5-27（a）所示。

（2）用笔刷绘制图层蒙版。单击选中刚添加的图层蒙版，选择笔刷工具，将笔刷颜色设置为#000000。需要注意的是，选中图层蒙版时，周围会出现一个四角边框，在进行这一步时一定要确保选中的是图层蒙版而不是图层本身。在工具属性栏中单击笔刷形状图标 右侧的小三角按钮 ，弹出笔刷设置面板。将笔刷大小设置成一个较大的数值（这里设置为900像素），将笔刷的"硬度"设置为0%，即羽化程度最高的笔刷，将笔刷的"不透明度"改为50%。

（3）在保持图层蒙版选中的情况下，使用笔刷在蒙版上绘制黑色。这时可以看到笔刷画过的黑色区域内的图层内容被隐藏了，如图5-27（b）所示。

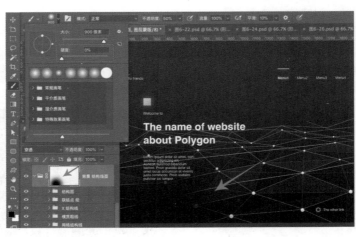

（a）　　　　　　　　　　　　　　　　（b）

图5-27

（4）使用画笔在图层蒙版的各处持续不断地单击绘制形状，在绘制中注意切换笔刷大小，以绘制出不同大小的黑色形状，绘制的图层蒙版的最终形状如图5-28所示。图层蒙版基本上是绕着画布四周绘制了一圈黑色，以让多边形拓扑结构阵列的四周隐藏起来。图层蒙版中灰色的区域显示了半隐的效果，可以凸显出近处清晰、远处渐隐的效果。

图5-28

5.2.3　创建景深效果

1. 为多边形拓扑结构网格阵列添加"高斯模糊"滤镜

（1）选中"背景 结构线面"编组图层，按Ctrl+J组合键复制，并单击鼠标右键，在弹出的菜单中选择"转换为智能对象"选项，如图5-29（a）所示。

（2）添加"高斯模糊"滤镜。将"背景 结构线面"编组图层转换为智能对象后，就可以添加"高斯模糊"滤镜了。保持智能对象图层"背景 结构线面 复制"为选中状态，执行"滤镜>模糊>高斯模糊"命令，如图5-29（b）所示。添加一个"半径"为9的"高斯模糊"滤镜到智能对象图层"背景 结构线面 复制"上，最终效果如图5-29（c）所示。

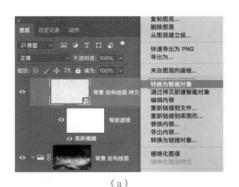

（a）

（b）

（c）

图5-29

2. 添加图层蒙版

（1）选中智能对象图层"背景 结构线面 复制"，按Ctrl+G组合键编组并重命名为"加模糊 level1"。这是第一层级的模糊景深效果，后续还会再增加几层模糊程度不同的图层，以丰富景深效果。保持编组的"加模糊 level1"图层为选中状态，添加一个图层蒙版，如图5-30（a）所示。

（2）在确保选中图层蒙版的情况下，使用笔刷工具在蒙版上绘制形状，最终效果如图5-30（b）所示。

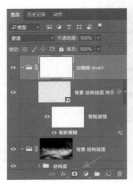  

（a）　　　　　　　　　　　　　　　　　　　　（b）

图5-30

5.2.4 复制景深效果图层

1. 复制一个景深图层，并调整模糊值

（1）选中编组图层"加模糊 level1"，按Ctrl+J组合键复制，并重命名为"加模糊 level2"，选中并用鼠标右键单击编组图层"加模糊 level1"的图层蒙版，在弹出的菜单中选择"删除图层蒙版"，如图5-31所示。

（2）双击编组图层"加模糊 level2"内的智能对象图层"背景 结构线面 复制"的"智能滤镜"下的"高斯模糊"滤镜，调出"高斯模糊"对话框，将"半径"改为24像素，如图5-31所示。

图5-31

2. 添加图层蒙版并绘制

选中编组图层"加模糊 level2"，为其创建一个图层蒙版，使用画笔工具在蒙版上绘制图5-32所示的图形。

3. 复制并调整第三个景深效果图层

（1）复制编组图层"加模糊 level2"，并重命名为"模糊远景"，同样先删除原有的图层蒙版，再单击"智能滤镜"下的"高斯模糊"滤镜左侧的眼睛图标 ，暂时关闭模糊效果，然后将整个

编组图层略往上移动一段距离，并将整个图层水平翻转，如图5-33所示。

图5-32

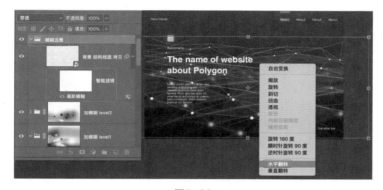

图5-33

（2）为编组图层"模糊远景"添加一个图层蒙版，使用画笔工具在上面绘制蒙版形状。这个蒙版形状基本上是将下半部分涂黑隐藏，只显示上半部分区域，如图5-34所示。

图5-34

5.2.5 绘制一个内核带发光效果的多边形立体物

1. 绘制外壳的基础形状

（1）使用钢笔工具绘制形状。使用钢笔工具绘制多个基础形为三角形且每个角都是圆角的形状，组成一个多边形立体外壳，如图5-35所示。因为后续会给这个形状加上渐变图层样式，所以它的填充色可以是任意颜色，将"描边"设置为无，再将绘制的所有组成外壳的三角形图层编组并重命名为"多边形基础底色"。

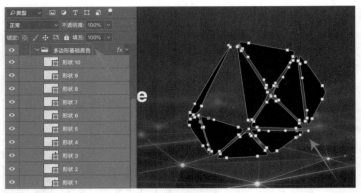

图5-35

（2）添加图层样式。双击编组图层"多边形基础底色"调出"图层样式"窗口，勾选"渐变叠加"图层样式，将渐变色条左右两端的色值分别设置为#0c0c14和#969696，将"角度"设置为90度，如图5-36所示。

图5-36

（3）创建矢量蒙版。选中编组图层"多边形基础底色"，按Ctrl+G组合键再次编组，并重命名为"多边形外壳组"。在图层面板中选中所有"多边形基础底色"内的三角形形状图层，切换选择直接选择工具，在画布上拖曳鼠标框选全部形状图层的路径，再按Ctrl+C组合键复制这些矢量路径，如图5-37（a）所示。选中编组图层"多边形外壳组"，按Ctrl+V组合键粘贴刚才复制的矢量路径，生成一个以多边形外壳为形状的矢量蒙版，如图5-37（b）所示。

（a）　　　　　　　　　　　　　　　　　　（b）

图5-37

2．在外壳上绘制镜面反射效果

（1）在添加了矢量蒙版的"多边形外壳组"内选择钢笔工具，这样能保证新绘制的图形只显示在"外壳"范围内，然后绘制两个形状如图5-38所示的矢量路径，以作为多边形外壳的立体暗面效果。

（2）将这两个新绘制的作为暗面效果的矢量形状所在图层分别重命名为"暗面反光1"和"暗面反光2"，然后将这两个图层编组，并重命名为"镜面明暗效果1"，如图5-38所示。

图5-38

（3）为暗面反光添加渐变图层样式。双击"暗面反光1"图层，调出"图层样式"窗口，勾选"渐变叠加"图层样式，将渐变色条左右两端的色值分别设置为#0c0c14和#2c2522、"角度"设置为90度。参数设置完成后，复制"暗面反光1"的图层样式，粘贴到"暗面反光2"图层上，如图5-39所示。

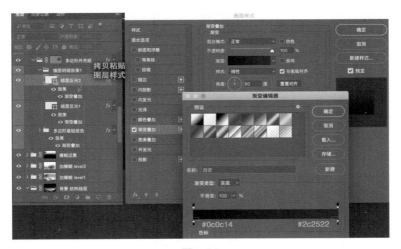

图5-39

（4）添加更多层明暗面。继续使用钢笔工具绘制两个矢量形状作为暗面，均粘贴相同的图层样式，并分别调整图层不透明度至30%和40%，以丰富外壳的立体明暗效果，如图5-40所示。

（5）添加一个反射面。使用钢笔工具在图5-41所示的位置绘制一个反射其他三角形立体外壳组成件的矢量形状，并将该形状所在图层重命名为"灰色反射面"，将该图层的不透明度降低至50%，如图5-41（a）所示。给图层"灰色反射面"添加一个"渐变叠加"图层样式，并将其渐变色条左右两端的色值分别设置为#2b2c31和#494c52，如图5-41（b）所示。

图5-40

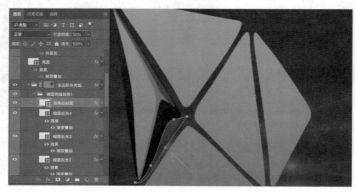

（a）

（b）

图5-41

（6）添加一个高光亮面。使用钢笔工具绘制一个图5-42所示的矢量形状，注意该形状需要在所有暗面图层之后。将该图层重命名为"亮面"，将"填充"设置为0%、"不透明度"设置为100%，以作为高光面。为其添加渐变样式，将渐变条左右两端的色值分别设置为#000000和#ffffff，然后将右端的白色手柄向左移动一段距离、左端的黑色手柄向右移动一段适当的距离，并单击色条上方的不透明度调节手柄，将左端颜色的不透明度改为0，再将渐变的"角度"改为38度，最终效果如图5-42所示。

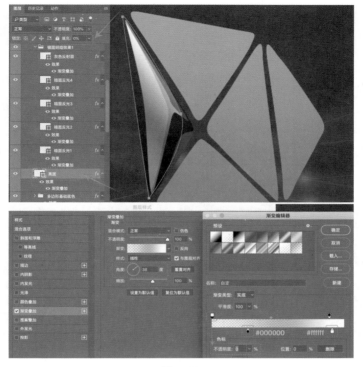

图5-42

（7）添加反射内部发光核心光亮的橙色反射面。继续使用钢笔工具绘制一个形状参考图5-43（a），其基本上是围绕这个三角形外壳件一周的矢量形状，作为反射内部发光核心光亮的反射面，并添加"外发光"和"渐变叠加"两个图层样式。

"外发光"图层样式的参数设置为："混合模式"为"滤色"，发光颜色为#bc3a00，"不透明度"为60%，"大小"为10像素，如图5-43（b）所示。

"渐变"图层样式的参数设置为：渐变条左右两端的色值分别设为#df2500和#c54100，"角度"为141度，如图5-43（c）所示。

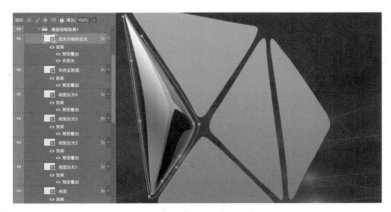

（a）

图5-43

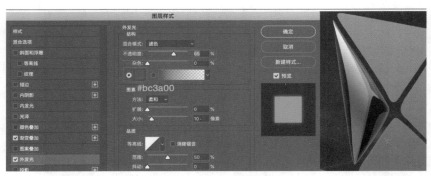

（b）

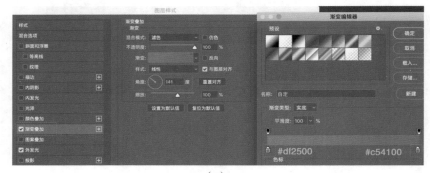

（c）

图5-43（续）

至此，一个效果完整的三角形外壳面就绘制完成了。参考以上步骤和方法，为其他几个三角形外壳面也添加类似的暗面与反射镜面效果，最终参考效果如图5-44所示。

3. 绘制内核

（1）绘制基础形状。继续使用钢笔绘制一个参考图5-45所示的矢量形状，并将该形状所在图层重命名为"发光基础体"，放置在三角形外壳编组图层"多边形外壳组"之后作为内核，然后按Ctrl+G组合键编组并命名为"橙色发光内核"，将绘制的矢量形状路径复制并粘贴到编组上作为矢量蒙版。

图5-44

（2）用鼠标右键单击编组图层"橙色发光内核"左侧的眼睛图标，在弹出的菜单中选择"橙色"，将这一编组图层及其内部的图层标识设置为橙色，以便后续管理，如图5-45所示。

图5-45

（3）为"发光基础体"矢量形状图层添加"渐变叠加"图层样式，并将渐变色条左右两端的色值分别设置为#e22d00和#ffb19b、"角度"设置为130度，如图5-46所示。

图5-46

（4）为编组图层"橙色发光内核"添加发光样式。双击编组图层"橙色发光内核"，打开"图层样式"窗口，勾选"内发光""外发光""投影"3种图层样式，并分别设置参数如下。

"内发光"图层样式的参数设置："混合模式"为"滤色"，发光色值为#ffefd5，"不透明度"为75%，"大小"为20像素。

"外发光"图层样式的参数设置："混合模式"为"滤色"，发光色值为#ff9751，"不透明度"为15%，"大小"为100像素。

"投影"图层样式的参数设置："混合模式"为"变亮"，投影色值为ffe2a5，"不透明度"为10%，"大小"为120像素。

最终效果如图5-47所示。

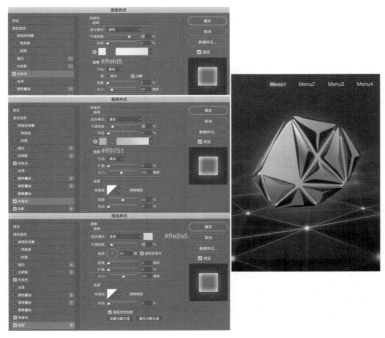

图5-47

4. 为内核体添加明面、暗面和反射面效果

为内核体绘制明面、暗面和反射面的方法与为三角形外壳面绘制明面、暗面和反射面的方法类似。

（1）为内核体绘制两个深橙色暗面。用钢笔工具在"发光基础体"矢量形状上方绘制2个作为暗面的矢量形状，如图5-48所示。将它们所在图层分别命名为"暗面1"和"暗面2"。

（2）为内核添加"渐变叠加"图层样式，将渐变色条左右两端的色值分别设置为#c91c00和#ff560b、"角度"设置为105度，如图5-48所示。

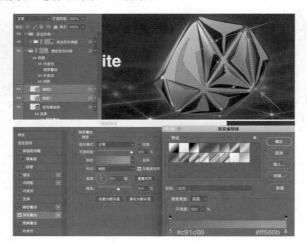

图5-48

（3）为内核体绘制2个黄色反射面。使用钢笔工具在"暗面2"矢量形状上绘制一个作为反射面的矢量形状，并将其所在图层命名为"黄色面1"，如图5-49（a）所示。然后添加"渐变叠加"图层样式，将渐变色条左右两端的色值分别设置为#e25500和#ffd36a，如图5-49（b）所示。

（4）继续使用钢笔工具，在"黄色面1"矢量形状图层上绘制作为反射面的第二个矢量形状，并将其所在图层命名为"黄色面2"，如图5-49（c）所示。为"黄色面2"图层添加"渐变叠加"图层样式，将渐变色条左右两端的色值分别设置为# e23a00和#ff9703，如图5-49（d）所示。

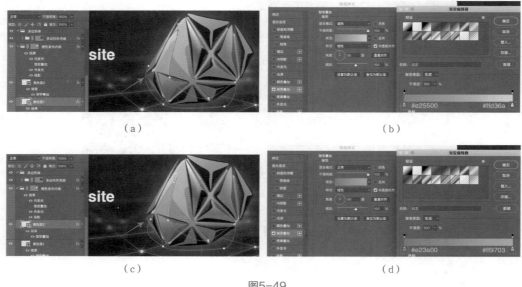

（a）　　　　　　　　　　　　　　　　（b）

（c）　　　　　　　　　　　　　　　　（d）

图5-49

（5）添加高光亮面。使用钢笔工具绘制一个如图5-50（a）所示的矢量形状，将其所在图层命名为"亮面1"。注意该图层要在"暗面2"图层之下，"暗面1"图层之上。

（6）添加图层样式。为"亮面1"图层添加"渐变叠加"和"外发光"两个图层样式。设置"渐变叠加"图层样式的渐变色条左右两端的色值分别为#ffc0b0和#ffe2da。设置"外发光"图层样式的"混合模式"为"滤色"、发光颜色为#ffd7bd、"不透明度"为65%、"大小"为60像素，最终效果如图5-50（c）所示。

（a）

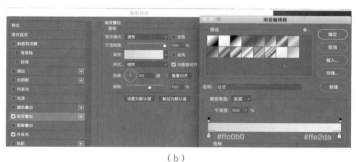

（b）

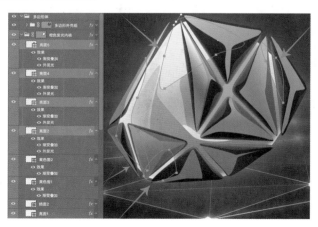

（c）

图5-50

（7）用与上一步骤类似的方法添加更多高光亮面。继续使用钢笔工具绘制更多层高光亮面，可以直接复制"亮面1"的图层样式，注意这几个高光亮面图层要在最上层，如图5-51所示。至此，整个页面的所有UI元素基本绘制完成。

图5-51

5.3 实例2：数码电子风格的网络安全产品网站UI设计

本实例将设计一个数码电子风格的网络安全产品网站的页面，最终效果如图5-52所示。页面右侧图像主体是一个数码电子视觉风格的虚拟病毒，以及后面一块相似风格的盾牌，用来表现"网络安全""抵御风险"的概念。

微课

实例2

图5-52

★ **资源位置**

実 **实例位置** 实例文件>第5章>实例2：数码电子风格的网络安全产品网站UI设计.psd

⊙ **视频名称** 视频文件>第5章>实例2：数码电子风格的网络安全产品网站UI设计.mp4

5.3.1 绘制基础背景框架　　　　　　　　　　　　　　　　　　　Q

1. 新建文档

（1）打开Photoshop，按Ctrl+N组合键新建一个空白文档，命名为"5.3 实例2：数码电子风格的网络安全产品网站UI设计"，将宽度设置为1920、高度设置为1280，单位为像素。

（2）新建空白文档后，双击背景图层，将其转换为普通图层，并命名为"底层背景"。

2. 为底层背景添加颜色

（1）单击左侧工具栏最下方的前景色块，调出"拾色器"窗口，将颜色值设置为#161717，如图5-53所示。单击"确定"按钮关闭"拾色器"窗口，按Alt+Delete组合键为"底层背景"图层填充颜色。

图5-53

（2）按B键切换到笔刷工具，将笔刷大小设置为1800像素、"硬度"设置为0，即边缘完全模糊的笔刷效果，然后单击前景色块调出拾色器，将笔刷颜色设置为#1c2233，在底层背景偏右侧区域单击，在画布右上角如图5-54箭头所指处绘制一个模糊的深蓝色大圆，以创建类似径向渐变的效果。

小提示

　　笔刷可以直接绘制在"底层背景"图层中，也可以新建一个空白图层进行绘制。笔者推荐使用后一种方式，这样可以更加灵活地通过调整图层透明度、复制图层等方式来微调绘制效果。

图5-54

3. 绘制网格地板

　　（1）选择矩形工具，将"填充"颜色设置为#ffffff，绘制一条宽度为2像素、长度在2500像素以上的白线，将其旋转60°，再按Ctrl+J组合键复制出12～13条线（数量仅供参考），并平移相同的距离，然后将这些白线编组并重命名为"地板网格-纵线"，最终效果如图5-55所示。

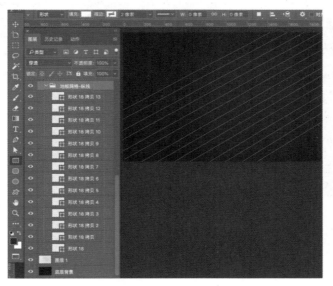

图5-55

　　（2）选中编组图层"地板网格-纵线"，按Ctrl+J组合键复制，并重命名为"地板网格-横线"，适当移动这个新编组内各条白线的位置；同时选中编组图层"地板网格-纵线"和"地板网格-横线"再次编组，并重命名为"地板网格组"，单击图层面板底部的"添加图层蒙版"按钮■，为其添加一个图层蒙版，并在上面绘制蒙版，形状参考图5-56，大致是一个中间白色、四周渐黑的形状。

图5-56

（3）为地板网格组整体添加色彩。双击"地板网格组"编组图层，调出"图层样式"窗口，勾选"颜色叠加"和"渐变叠加"图层样式，分别调整它们的参数。设置"颜色叠加"图层样式的颜色为#ffffff，"不透明度"为40%。设置"渐变叠加"图层样式渐变色条左右两端的色值分别为#905fff和#00ffc0，"混合模式"为"正常"，"角度"为0度，再将"地板网格组"编组图层的"不透明度"改为60%，如图5-57所示。

图5-57

4．添加网站标题文字和按钮

（1）添加主标题文字。使用横排文字工具输入文本Virus protection solutions（参考），然后单击字符面板下的"全部大写字母"按钮，将文本全部设置为大写样式。

 小提示

UltraLight是苹果系统自带的Helvetica Neue字体，包含极细样式字体模式，此处仅供参考。

（2）编辑文本样式细节。设置文本Virus的字体大小为64点，颜色值为#6a6aff，字体样式为Light。设置文本protection的字体大小为64点，颜色值为#00ffc0，字体样式为Bold。设置文本solutions的字体大小为122点，颜色值为#ffffff，字体样式为UltraLight。最终效果如图5-58所示。

（3）添加描述性文本。使用文字工具随意编写2～3行段落文字，并将字体大小设置为24点、颜色值设置为#ffffff，效果如图5-59所示。

图5-58　　　　　　　　　　　　　　　　　　　　图5-59

（4）添加文字分割线。选择"椭圆工具"，设置"填充"颜色为#ffffff、"描边"为无，在左右两端绘制两个大小一致的小圆点，再使用钢笔工具绘制一个中间凹下、两头较高的细长形状，并保持左右两端与两个圆点平齐，如图5-60所示。绘制完成后，将这3个矢量形状图层编组并重命名为"文字段落分割线"。

图5-60

（5）双击"文字段落分割线"编组图层，调出"图层样式"窗口，勾选"渐变叠加"和"外发光"图层样式，并分别调整它们的参数。"渐变叠加"图层样式参数调整如下：渐变色条左右两端的色值与之前"地板网格组"图层的渐变样式相同，"混合模式"为"滤色"，"角度"为180度。"外发光"图层样式参数调整如下："混合模式"为"滤色"，"不透明度"为60%，外发光的色值为#3dabff，"大小"为60像素。最后将编组图层"文字段落分割线"的图层"填充"改为0%，如图5-61所示。

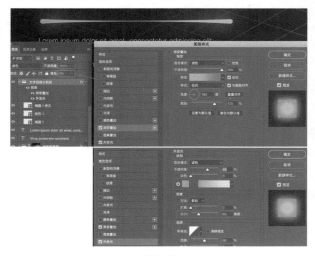

图5-61

5. 添加按钮

（1）绘制按钮。选择圆角矩形工具，设置"填充"为无、"描边"粗细为1.5像素，绘制一个宽680像素、高300像素、圆角为8像素的圆角矩形，然后按Ctrl+J组合键两次复制两个圆角矩形，设置最后一个圆角矩形的"填充"色值为# 00b0ff、"描边"为无、图层"不透明度"为15%，再使用文字工具输入内容为Customer Stories、大小为24点的文本。

（2）将新添加的3个圆角矩形矢量形状图层和文字图层编组，并重命名为"按钮1"。按Ctrl+J组合键复制并向右移动一段适当的距离，修改文字内容为Product，将文本图层重命名为"按钮2"，删除第三个圆角矩形矢量形状，即只保留仅有描边无填充的圆角矩形，如图5-62所示。

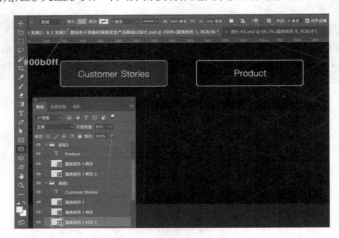

图5-62

（3）添加图层样式。选中前面绘制的文字分隔线图层，复制其图层样式，然后在"按钮1"编组图层中选中两个有描边但没有填充的矢量形状图层，即"圆角矩形1"和"圆角矩形 复制"图层，粘贴图层样式，并做微调，将渐变的"样式"改为"径向"，即改为从中心向四周呈圆周扩散的渐变样式，然后为文字图层添加一个"外发光"图层样式，设置发光颜色为#57baff、"不透明度"为60%、"大小"为15像素，最终效果如图5-63所示。

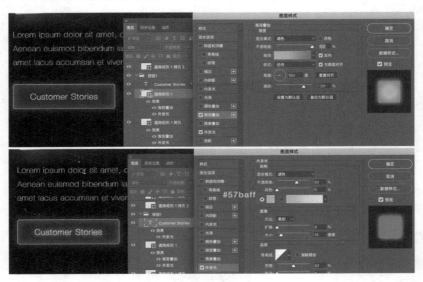

图5-63

（4）将文字图层的"外发光"图层样式复制并粘贴到"按钮2"编组图层中的文字图层和两个

圆角矩形矢量形状图层上，并适当调整"外发光"图层样式的参数。保持发光颜色和"混合模式"不变，将"不透明度"都改为100%、"大小"都改为30像素，如图5-64所示。

图5-64

5.3.2　设计页面的主体视觉元素1：盾牌元素

1．绘制盾牌基础表面形状

（1）使用钢笔工具绘制一个如图5-65（a）所示的类似盾牌的矢量形状，双击该矢量形状所在图层，调出"图层样式"窗口，勾选"渐变叠加"图层样式，然后单击其右侧的"+"图标，添加第二个"渐变叠加"图层样式（新添加的"渐变叠加"图层样式在上一层），将第一个"渐变叠加"图层样式（即下层的"渐变叠加"图层样式）的"混合模式"设置为"正常"，渐变色条左右两端的色值分别设置为#14dbff和#00ff9c、"角度"设置为117度。

（2）将第二个"渐变叠加"图层样式，也就是上层的"渐变叠加"图层样式的"混合模式"改为"滤色"，渐变色条左端色值可以不变，右端色值改为浅绿色#86ffd0，将左端上方的不透明度手柄向右移动一段距离，使"位置"为45像素，最后把"不透明度"设置为0%，如图5-65（b）所示。

（a）

（b）

图5-65

2. 绘制盾牌的倒角

（1）将该矢量形状图层重命名为"盾牌"，按Ctrl+J组合键复制并重命名为"盾牌 倒角"。适当放大一圈图形，然后双击"盾牌 倒角"图层调出"图层样式"窗口，取消勾选上面一层的"渐变叠加"图层样式，并勾选"颜色叠加"图层样式，将颜色设置为#ffffff、"不透明度"改为60%。将这2个图层编组并重命名为"盾牌"，如图5-66所示。

图5-66

（2）再次复制"盾牌"图层，重命名为"盾牌 倒角2"，适当放大图层，使其比"盾牌 倒角"图层稍大一点，然后将上一层的"渐变叠加"图层样式的"混合模式"改为"变亮"，将渐变色条左端上方的不透明度手柄向左移动，将"不透明度"恢复为100%，如图5-67所示。

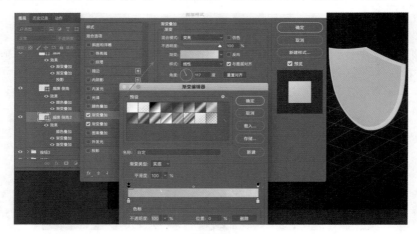

图5-67

3. 绘制盾牌的厚度

（1）复制"盾牌 倒角"图层，命名为"盾牌 厚度"，将复制出的图形适当向后和向左移动一段距离，使用钢笔工具对其形状锚点进行微调。调整该图形所在图层的"颜色叠加"图层样式的"不透明度"为90%。最终效果如图5-68所示。

（2）复制"盾牌 厚度"图层，重命名为"盾牌 厚度 暗部阴影1"，将"不透明度"改为60%、"填充"改为0。选择钢笔工具，在工具属性栏中单击右侧的"路径操作"按钮，在下拉菜单中选择路径绘制模式为"与形状区域相交"，绘制一个如图5-69（a）所示的矢量形状，但因为使用了"与形状区域相交"路径模式，所以最终只会显示新绘制形状与图层原有形状相交的区域。

（3）双击该图层调出"图层样式"窗口，取消勾选"颜色叠加"图层样式，调整"渐变叠加"图层样式渐变色条左端上方的不透明度控制手柄的"不透明度"为0、右端色值为#142f41，勾选"反向"复选框，反转渐变左右两端颜色，再将"角度"改为-95度，如图5-69（b）所示。

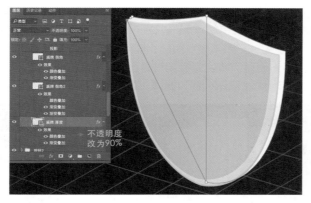

图5-68

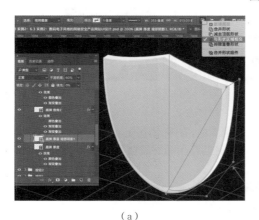

（a）

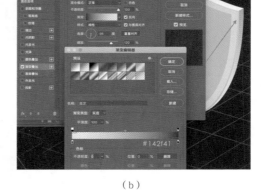

（b）

图5-69

（4）复制一个盾牌厚度的暗部阴影形状图层，并命名为"盾牌 厚度 暗部阴影2"，将图层的"不透明度"改为80%，最终效果如图5-70所示。

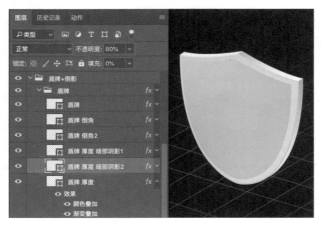

图5-70

4．绘制盾牌的倒影效果

（1）选中编组图层"盾牌"，这个图层包含了之前绘制的所有与"盾牌"相关的矢量形状图层，按Ctrl+J组合键复制并将其重命名为"盾牌 倒影"。把该图层向下移动一段距离，按Ctrl+T组合键调出自由变换手柄，用鼠标右键单击，在菜单中依次选择"水平翻转"和"垂直翻转"选项。

（2）展开编组图层"盾牌 倒影"，隐藏"盾牌 厚度 暗部阴影1"和"盾牌 厚度 暗部阴影2"图层，使用钢笔工具适当调整"盾牌 厚度"图层，最终形状如图5-71（a）所示。

（3）将编组图层"盾牌 倒影"转换为智能对象图层，如图5-71（b）所示。把图层的"不透明度"改为20%，为其添加一个"高斯模糊"滤镜，再将模糊"半径"改为12像素。

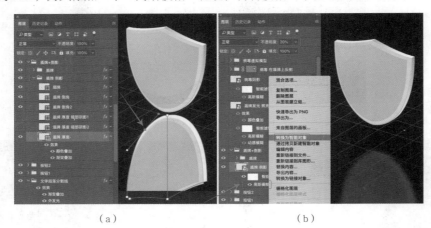

　　　（a）　　　　　　　　　　　　　　　　（b）

图5-71

（4）为盾牌倒影添加一个图层蒙版。选中智能对象图层"盾牌 倒影"，单击图层面板底部的"添加图层蒙版"按钮，为其添加一个图层蒙版，使用渐变工具在图层蒙版上从左下角向右上角方向拉出一个黑白渐变的图形，如图5-72所示。

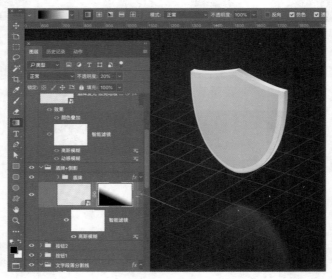

图5-72

5. 添加盾牌自发光照亮地板

（1）使用椭圆工具在盾牌和盾牌倒影之间绘制一个椭圆形状，转换为智能对象图层，并重命名为"盾牌发光 照亮地板"。设置图层"不透明度"为40%，"填充"为0%。

（2）为"盾牌"图层添加一个"颜色叠加"图层样式，将颜色值改为#19fff1、"不透明度"改为40%。

（3）添加一个模拟半径值为40的"高斯模糊"滤镜，如图5-73所示。至此，盾牌元素基本绘制完成。

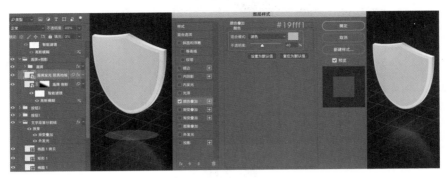

图5-73

5.3.3 设计页面的主体视觉元素2：病毒模型元素

1. 绘制病毒模型的主体圆球

（1）绘制最外层壳体的圆形。使用椭圆工具绘制一个宽高均为408像素的正圆形，将"填充"设置为无、"描边"颜色设置为#ffffff、粗细设置为1像素，再将生成的图层命名为"圆球描边1"，如图5-74（a）所示。

（2）复制图层"圆球描边1"，并重命名为"圆球内部发光"。保持选中椭圆工具，在工具属性栏中更改当前选中图层的矢量形状的"填充"颜色为#ffffff，将该图层的"不透明度"更改为12%、"填充"更改为0%。然后添加一个"内发光"图层样式，将发光颜色设置为#e5f0ff、"大小"设置为150像素，如图5-74（b）所示。

（3）再次复制图层"圆球描边1"，并重命名为"圆球描边2"，保持选中椭圆工具，在工具属性栏中更改当前选中图层的矢量形状的"描边"为2像素，将该图层的"不透明度"改为30%。按Ctrl+T组合键调出自由变换手柄，适当缩小"圆球描边2"的尺寸，如图5-74（c）所示。

（a）

（b）

图5-74

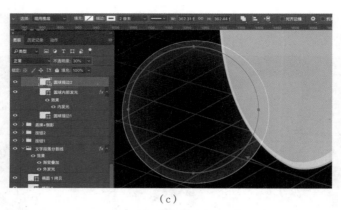

（c）

图5-74（续）

2. 绘制球体内部的其他细节

（1）复制图层"圆球描边1"，重命名为"圆球 边缘"，保持选中椭圆工具，在工具属性栏中更改当前选中图层的矢量形状的"填充"颜色为#ffffff，再将图层的"不透明度"更改为30%。

（2）选择椭圆工具，在工具属性栏中更改"路径操作"为"减去顶层形状"，然后绘制一个略小一圈的圆形，从而创建出一个圆环形状，如图5-75所示。

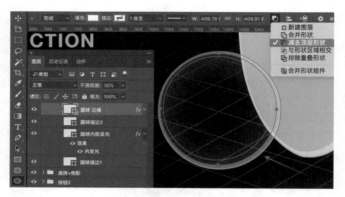

图5-75

（3）复制图层"圆球内部发光"，重命名为"圆球高光点"，将其"外发光"图层样式的"大小"改为60像素，然后按Ctrl+T组合键使用自由变换手柄适当缩小其尺寸。

（4）选择钢笔工具，设置"填充"为无、"描边"为1像素、颜色为#ffffff，在圆球内部绘制多条直线组成网状，将所有直线编组并命名为"折线"，如图5-76所示。

（5）选择椭圆工具，设置"填充"为#ffffff、颜色为#ffffff、"描边"为无，在刚刚绘制的直线网内部线条交叉处绘制多个小圆点，将生成的图层命名为"折线网点"。

（6）选择笔刷工具，设置笔刷的"大小"为125像素、笔刷"硬度"为0、笔刷的"不透明度"为50%，单击图层面板底部的"创建新图层"按钮 ，新建一个图层。用笔刷在球体的大致左上区域单击，绘制一个边缘羽化的圆点，作为球体的模糊高光点，再将生成的图层重命名为"圆球高光点 模糊"。

（7）将绘制的所有球体相关的图层编组并命名为"病毒核心球"。按A键切换到路径选择工具，选中并复制图层"圆球描边1"的圆形矢量形状，将其粘贴到编组图层"病毒核心球"上，以作为其矢量形状蒙版，如图5-76所示。

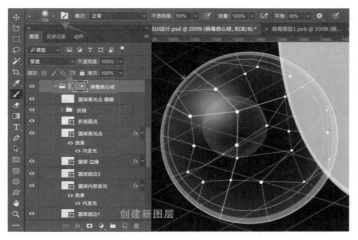

图5-76

（8）双击编组图层"病毒核心球"，调出"图层样式"窗口，勾选"外发光"图层样式，设置"混合模式"为"滤色"、"不透明度"为60%、发光颜色值为#a4c4ff、"大小"为120像素，如图5-77所示。

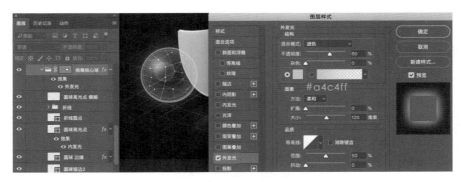

图5-77

3. 绘制病毒模型的触角

（1）选择钢笔工具，设置钢笔工具的"填充"为无、"描边"为1像素、颜色为#ffffff，单击工具属性栏中的"路径操作"按钮，在弹出的下拉菜单中选择"新建图层"选项，绘制一个新的矢量形状，以作为病毒的触角形状，将生成的图层重命名为"触角描边"。

（2）复制"触角描边"图层，重命名为"触角内发光"，保持选中钢笔工具，在工具属性栏中设置当前选中图层的矢量形状的"填充"颜色为#ffffff、图层"不透明度"为10%、图层的"填充"为0。然后为该图层添加"内发光"图层样式，设置发光颜色为#e5f0ff、"大小"为30像素。

（3）将"触角描边"图层和"触角内发光"图层编组并重命名为"触角1"，将该编组图层和之前绘制的病毒球体编组图层"病毒核心球"也编组，并重命名为"病毒模型1"，如图5-78所示。

（4）选择钢笔工具，设置钢笔工具的"填充"颜色为#ffffff、"描边"为无。在触角顶端绘制图5-79所示的矢量形状，将图层"不透明度"改为80%。为这个矢量形状添加一个"外发光"图层样式，设置"混合模式"为"滤色"、"不透明度"为65%、发光颜色为#ffffff、"大小"为20像素，如图5-79所示。至此，一个触角元素就绘制完成了。

图5-78

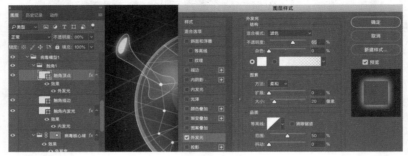

图5-79

4. 复制多个触角并微调

复制8个左右的触角，分别微调其形状、不透明度等，其中4个放在"病毒核心球"编组图层下、4个放在"病毒核心球"编组图层上，如图5-80所示。然后为"病毒模型1"打包编组，重命名为"病毒模型+倒影"。

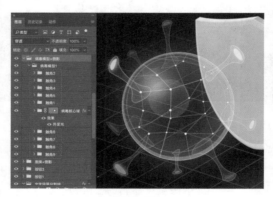

图5-80

5. 为病毒模型创建倒影

（1）创建模型在地板上的倒影。将病毒模型编组图层转换为智能对象图层，然后复制并重命名为"病毒模型1 倒影"。将图层"不透明度"改为20%，然后为其添加一个"高斯模糊"滤镜，将模糊"半径"设置为5.0。再为该图层添加一个图层面板，使用渐变工具在图层蒙版上拉出一个黑边渐变，它的底部是黑色、上面大半区域是白色，如图5-81所示。

（2）创建病毒模型在盾牌表面的反射倒影。复制"病毒模型1 倒影"图层，命名为"病毒 盾牌上渐隐蒙版"，将"高斯模糊"滤镜的模糊"半径"改为2。

（3）选择渐变工具，这里需要修改渐变工具的参数。将渐变色条默认的左黑右白改为左白右黑；在工具属性栏中将渐变工具的模式由默认的"线性渐变"改为"对称渐变"。选中"病毒 盾牌上渐隐蒙版"图层的图层蒙版，在上面重新绘制一个"左下-右上"斜方向两端黑中间白的新图层蒙版，如图5-82所示。

（4）为该图层"病毒 盾牌上渐隐蒙版"编组，并重命名为"病毒 在盾牌上反射"，将病毒表面图层"盾牌"的矢量形状复制粘贴到编组图层"病毒 在盾牌上反射"上，以作为其矢量蒙版，如图5-82所示。

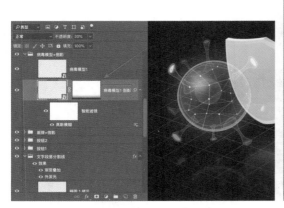
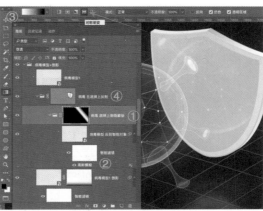

图5-81　　　　　　　　　　　　　　　　　　图5-82

6．创建病毒模型在盾牌上的阴影

（1）使用钢笔工具在"病毒 在盾牌上反射"编组图层内绘制一个图5-83所示的矢量形状，钢笔工具的"填充"可以是任意颜色，"描边"为无，将该图层重命名为"病毒阴影"。

（2）为"病毒阴影"图层添加一个"渐变叠加"图层样式，设置"混合模式"为"正片叠底"、渐变色条左右两端的色值分别为#27825f和#185e6f、"角度"为117度，如图5-83所示。

（3）将"病毒阴影"图层转换为智能对象图层。为其添加"高斯模糊"滤镜，将模糊"半径"设置为36像素，效果如图5-83所示。

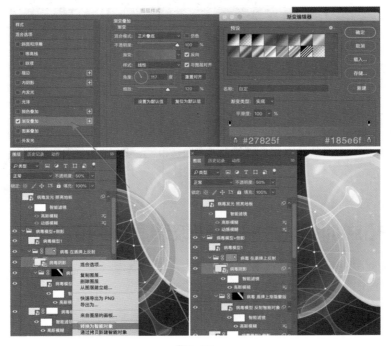

图5-83

7. 创建病毒模型照亮地板的效果

（1）找到并选中盾牌的照亮效果图层"盾牌发光 照亮地板"，用鼠标右键单击，在弹出的菜单中选择"通过复制新建智能对象"选项，新建一个智能对象图层，并命名为"病毒发光 照亮地板"。将该图层移动到"病毒模型+倒影"编组内，并将图层"不透明度"修改为20%，然后适当移动一段距离使其到病毒模型下方。

（2）修改"病毒发光 照亮地板"图层的"颜色叠加"图层样式的参数。将颜色改为#ffffff，"不透明度"改为100%，最终效果如图5-84所示。

图5-84

至此，整个页面基本绘制完成。如果觉得病毒模型不够亮，则可以直接复制"病毒模型1"图层，以加强效果，如图5-85所示。

图5-85

5.4　拓展训练：制作磨砂玻璃质感网页

本实例作为课后练习案例，需要运用更多更综合技巧。本实例将绘制一个以模拟磨砂玻璃质感的信用卡片为主体的Web页面，最终效果如图5-86所示。

微课

拓展训练

图5-86

📁 **资源位置**

🖼 实例位置　实例文件>第5章>拓展训练：制作磨砂玻璃质感网页.psd

📀 视频名称　视频文件>第5章>拓展训练：制作磨砂玻璃质感网页.mp4

☢ 图片素材　图片素材>第5章>拓展训练：制作磨砂玻璃质感网页

⚙ **设计思路**

本实例最核心的视觉元素是右边的3张立体卡片。

（1）第一张卡片相对来说是最简单的，因为它不涉及其他卡片的叠加关系，以及相应的图层蒙版、模糊效果叠加产生的复杂关系。首先，卡片本身是在一个无透视视角的平面上绘制的，如图5-87（a）所示。卡片绘制完成后，将其转换为智能对象图层，按Ctrl+T组合键调出自由变换手柄，把卡片拉出透视效果，如图5-87（b）所示。卡片内部的卡面渐变、卡片内芯、卡片线条都是使用渐变叠加图层样式绘制的。

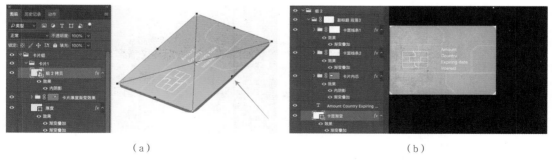

（a）　　　　　　　　　　　　　　　　　　（b）

图5-87

（2）其他3张卡片的绘制也采用类似的步骤：先在平面视角绘制，再转换为智能对象并调整透视视角。

（3）第二张半透明的卡片和第三张卡片之间的叠加效果是通过图层蒙版来实现的。

首先，绘制好第二张卡片，将卡面设置为半透明，然后在第二张卡片下面绘制第三张卡片，如图5-88（a）所示。接着复制第三张卡片，并转换为智能对象，添加模糊滤镜，并为其添加一个以第二张卡片为形状的图层蒙版，也就是说，只显示第二张卡片范围内的第三张卡片的模糊叠加效果，如图5-88（b）所示。

最后要注意，未添加模糊滤镜的最下层的第三张卡片也要添加一个图层蒙版，只不过形状正好是除了第二张卡片形状以外的范围，这样不模糊的第三张卡片只显示除第二张卡片形状以外的范围。将带模糊效果的第二张卡片和不带模糊效果的第三张卡片正好拼合起来，模拟出半透明的卡片下模糊叠加的效果，如图5-88（b）所示。

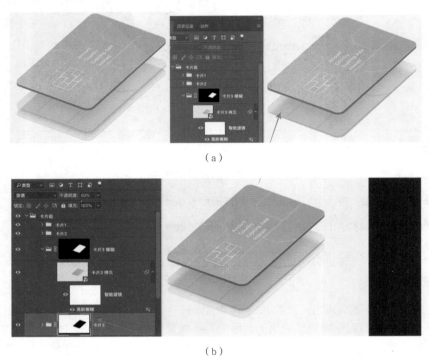

（a）

（b）

图5-88

（4）用同样的方法绘制第四、第五张卡片，以及它们之间的半透明模糊叠加效果，最终效果如图5-89所示。

图5-89

第 **6** 章

Web UI 导航组件创意设计

第5章学习了Web页面框架的三大组成部分：导航、正文内容和栏目。其中，导航是网站体验非常重要的一环，关系到用户浏览网站时的基础体验，能保证用户在浏览导航时不迷路，并快速准确地找到自己需要的内容。本章将学习3类常见的导航样式，分别是顶部导航、侧边导航、面包屑导航，如图6-1所示。

图6-1

❖ 导航组件创意设计实例1
❖ 导航组件创意设计实例2
❖ 综合实例

6.1 Web UI的主要导航组件

6.1.1 顶部导航

顶部导航是网站最常见的一类导航形式，尤其是网站首页大多使用顶部导航栏。在UI布局上，顶部导航栏位于页面最顶部一行横跨整个页面的通栏中，而且多为左右布局，左侧是导航菜单，右侧是注册/登录入口、用户头像等元素。

顶部导航按照是否有下拉菜单可以分为两种：一种是单击或者鼠标指针悬停于导航标签后会展开下拉菜单，展示二级导航菜单项。另一种是单击导航标签后直接前往对应页面。这两种顶部导航交互方式也有可能同时出现在同一个网站上，可以按需混合使用。图6-2所示的大疆无人机官网中的"商用产品及方案"是鼠标指针悬停后会出现下拉菜单的第一种导航标签，"航拍无人机"则是单击后直接前往对应页面的第二种导航标签。

图6-2

对于带下拉菜单的顶部导航来说，图6-2所示为最简单的一种单栏菜单，它的二级导航项较少。复杂的菜单栏是带有多栏二级菜单的样式，如图6-3（a）所示。更复杂的父子级结构的样式，如图6-3（b）所示。

（a）

（b）

图6-3

大多数顶部导航栏菜单都是比较朴素的，采用以文字为主的视觉样式，部分可能会加上小图标。不过也有一些设计比较大胆的网页，顶部导航的下拉菜单采用了以图片为主体的设计。例如，图6-4所示网站的顶部导航的下拉菜单使用了较大面积的图片，以及少见的横排布局。

图6-4

6.1.2　侧边导航

侧边导航通常用于首页之下的次级页面，即从首页顶部导航栏单击菜单项之后进入的网页。顾名思义，在视觉样式上，导航侧边栏通常位于页面左侧，菜单项纵向排列，典型的样式如图6-5所示。左侧是当前的"产品"页面的二级导航栏菜单，可单击进入不同的三级菜单页面。

图6-5

按照能否展开次级菜单，可以将侧边导航样式分为两类：一类是仅有单个层级菜单的侧边导航，如图6-5所示的华为云官网的"产品"页面；另一类是可以展开多层级菜单的树状菜单，图6-6所示的网页左侧就是树状多层级侧边导航栏。

图6-6

大多数网页的侧边导航通常位于网页左侧，当然也有极少数将侧边导航放在网页右侧。图6-7所示的网站就将侧边导航栏组件放在了右侧。

图6-7

6.1.3　面包屑导航

　　面包屑导航是一种非常轻量级的导航组件，在UI布局上常见于网页主体内容上方，视觉上通常小而轻，是整个页面最小的一类组件，样式如图6-8所示。

图6-8

　　面包屑导航这个奇怪的名字取自童话故事《汉赛尔和格莱特》，讲述的是名为汉赛尔和格莱特的两个人被邪恶的巫婆困在了森林里，他们通过在沿途留下面包屑的方法，成功地找到了回家的路。这个组件就像汉赛尔和格莱特遗留在路上的面包屑一样，用户可以通过这组"面包屑"找到返回的"道路"，同时它还显示了当前页面所处的层级，乃至整个网页的层级结构。面包屑导航通过提供可视化导航路径，提高了用户的导航效率和体验。

　　在设计面包屑导航时，需要考虑以下3点。

　　（1）链接的顺序应该符合用户的导航习惯，通常从左到右。

　　（2）链接的文本必须能清晰地表达导航层级。

　　（3）样式上应区分可单击和不可单击，保证用户单击后能够正确返回相应的导航层级。

　　面包屑导航应该在页面的显著位置展示，以便用户能够轻松地找到并使用，但同时又不能过于显眼，喧宾夺主。

6.2 实例1：用灯光照亮侧边导航栏

本实例将绘制一个比较特别的创意侧边导航栏，用灯光照亮侧边导航栏的磨砂玻璃质感图标。这是一种结合了趣味交互的侧边导航栏设计。当用户选中某个侧边菜单时，就好像打开了对应的灯光，照亮了图标，以示选中，而切换到其他导航菜单项，灯光熄灭。最终完成效果如图6-9所示。

> ★ **资源位置**
>
> 🖼 实例位置 实例文件>第6章>实例1：用灯光照亮侧边导航栏.psd视频
>
> 🎬 视频名称 视频文件>第6章>实例1：用灯光照亮侧边导航栏.mp4

图6-9

⚙ 设计思路

（1）运用多个不同模糊度的图层，模拟散射渐隐的灯光照亮效果。
（2）结合智能对象图层和"高斯模糊"滤镜创建模拟磨砂玻璃的效果。
（3）运用多个图层的小幅位移，模拟立体图标的厚度。

6.2.1 绘制菜单底板背景和灯光照亮效果　🔍

1. 新建文档

（1）打开Photoshop，按Ctrl+N组合键新建一个空白文档，并命名为"6.2 实例1：用灯光照亮侧边导航栏"，将宽度设置为1440、高度设置为1280，单位为像素。

（2）双击背景图层，将其转换为普通图层，并命名为"底层背景"。

（3）双击"底层背景"图层，调出"图层样式"窗口，勾选"渐变叠加"图层样式，设置样式为"径向"，也就是从中心向四周扩散的圆形渐变，将渐变色条左右两端的色值分别改为#53555和#373b41，如图6-10所示。

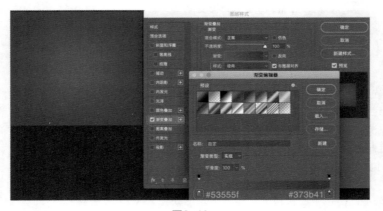

图6-10

2. 绘制侧边栏底板

（1）选择圆角矩形工具，在工具属性栏中设置矩形工具的绘制模式为"形状"、"填充"色值为任意颜色、"描边"为无、圆角"半径"为40像素，绘制一个宽度为300像素、高度为1180像素的长条形圆角矩形，如图6-11所示。

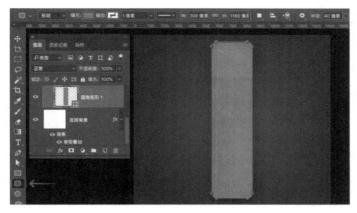

图6-11

（2）双击刚刚绘制的圆角矩形所在图层，调出"图层样式"窗口，勾选"渐变叠加"图层样式，设置样式为"线性"模式、渐变色条左右两端的色值分别为#17181c和#33333a、渐变的"角度"为97度，如图6-12所示。

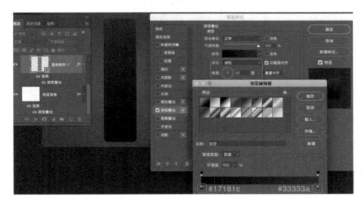

图6-12

3. 绘制灯光照亮效果

（1）绘制灯光照亮效果的第一层。使用圆角矩形工具绘制一个大小和摆放位置如图6-13所示的圆角矩形，并将生成的图层命名为"灯光照亮核心"。双击该图层弹出"图层样式"窗口，勾选"渐变叠加"图层样式，设置渐变色条左右两端的色值分别为#ffdb5e和#ffac4b、"角度"为0度，如图6-13所示。

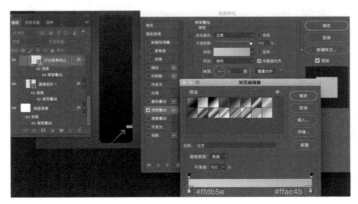

图6-13

（2）将"灯光照亮核心"图层转换为智能对象图层并添加"高斯模糊"滤镜，如图6-14（a）所示。在图层"灯光照亮核心"上单击鼠标右键，在弹出的菜单中选择"转换为智能对象"，然后先后为其添加一个"半径"为6像素的"高斯模糊"滤镜和"角度"为0度、"距离"（即动感模糊的模糊值）为45像素的"动感模糊"滤镜，效果如图6-14（b）所示。

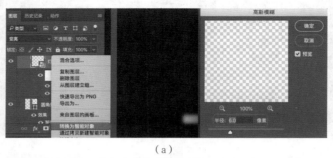

（a）

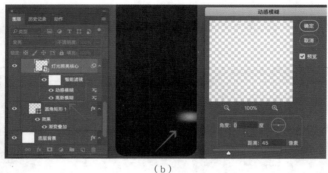

（b）

图6-14

（3）选中"灯光照亮核心"图层，重复按3次Ctrl+J组合键复制3个图层，并分别重命名为"灯光照亮散射1""灯光照亮散射2""灯光照亮散射3"。然后分别设置各参数如下。

将光照散射区域内部的第二层"灯光照亮散射3"放大至原来的200%，"动感模糊"的"距离"为75像素，"高斯模糊"的半径为9像素，图层的"不透明度"为60%。

将光照散射区域内部的第三层"灯光照亮散射 2"放大至原来的300%，"动感模糊"的"距离"仍然是75像素，"高斯模糊"的半径为15像素，图层的"不透明度"为40%。

将光照散射区域内部的最外层"灯光照亮散射1"放大至原来的400%，"动感模糊"的"距离"为30像素，"高斯模糊"的半径为30像素，图层的"不透明度"为30%。具体如图6-15所示。

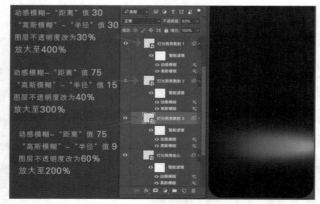

图6-15

至此，模拟散射的光照效果绘制完成。最后将所有4个灯光照亮图层编组，并命名为"灯光照射"。

4．增加细节，绘制描边照亮效果

（1）复制一层作为菜单项背景的底板图层"圆角矩形 1"，设置图层的"填充"为0%。双击该图层调出"图层样式"窗口，取消勾选"渐变叠加"图层样式，勾选"内阴影"图层样式，设置"混合模式"为"滤色"、阴影颜色为#484c52、"不透明度"为40%、"角度"为32度、"距离"为6像素，"阻塞"和"大小"均为0，如图6-16所示。

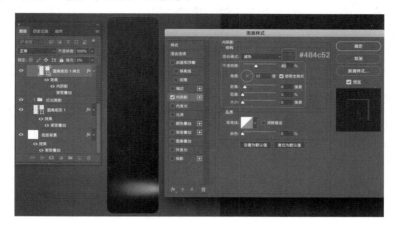

图6-16

（2）选中"圆角矩形 1 复制"图层，按Ctrl+G组合键编组并重命名为"描边照亮"，然后双击该编组图层，调出"图层样式"窗口，添加两个"渐变叠加"效果，将参数分别修改如下。

将位于上面的"渐变叠加"图层样式的"混合模式"设置为"滤色"，"不透明度"设置为100%。渐变色条下方的颜色手柄保留一个，删除另一个，将色值设置为#fff9c7，色条上面的调整不透明度手柄要在默认两个手柄的基础上再添加一个，在色条上方任意位置单击即可添加手柄。除了位于色条中间的不透明度手柄，左右两个不透明度手柄均设置为0，手柄的位置如图6-17（a）所示。将"角度"设置为97度。

将"渐变叠加"图层样式的"混合模式"设置为"滤色"，"不透明度"设置为50%。渐变色条的设置与上一个"渐变叠加"图层样式的设置相似，手柄的位置略有不同，如图6-17（a）所示。将色条下方手柄的色值改为#fff49a，"角度"同样设置为97度，如图6-17（b）所示。

（a）

图6-17

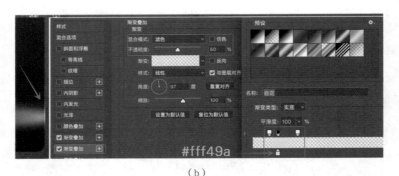

（b）

图6-17（续）

6.2.2 绘制被选中照亮的"设置"菜单项图标

1. 绘制齿轮图标的基础效果样式

（1）导入齿轮图标素材图片并设置基础样式。从第6章的实例1的素材文件夹中找到文件"Setting Icon.ai"，按Ctrl+C组合键复制，回到Photoshop中，按Ctrl+V组合键粘贴，自动生成一个新的齿轮图标的智能对象图层，将新图层重命名为"前层齿轮-基底"，如图6-18（a）所示。

（2）双击图层"前层齿轮-基底"调出"图层样式"窗口，勾选"渐变叠加"图层样式，设置"混合模式"为"正常"、"不透明度"为100%、渐变色条值左端的色值为#2f3137、色条上方右端的不透明度手柄的"不透明度"为0、渐变的"角度"为0度，如图6-18（b）所示。

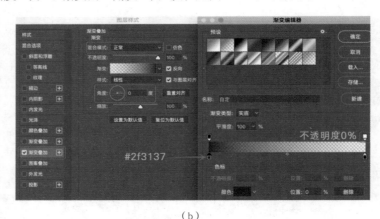

（a）　　　　　　　　　　　　　　　　　　　　（b）

图6-18

2. 绘制齿轮内部的光照效果

（1）使用椭圆工具绘制一个完全覆盖齿轮图标的圆形矢量形状，填充可以设置为任意颜色，将生成的图层命名为"齿轮发光描边1"（这里绘制的形状是圆形还是矩形都无所谓，只要这个形状能完全覆盖齿轮图标即可），如图6-19（a）所示。

（2）在按住Ctrl键的同时单击之前导入的齿轮图标图层，载入一个齿轮图标形状的选区。切换到矩形选框工具，按2～3次←键和↑键，使选区略偏移一点。再按Ctrl+Shift+I组合键反转选区。单击图层面板底部的"添加图层蒙版"按钮■，以此选区形状创建一个图层蒙版，如图6-19（b）所示。

（3）将"齿轮发光描边1"和"前层齿轮-基底"图层编组，将编组图层命名为"前层齿轮-表面"。使用与上一步骤相同的方法获取齿轮图标的外形选区并作为该编组图层的图层蒙版，最终效果如图6-19（c）所示。至此，就创建好了齿轮内部描边效果。

（a）

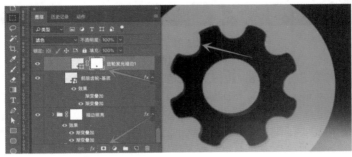

（b）

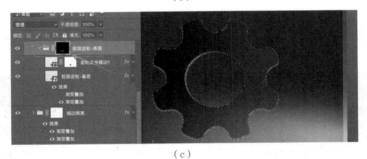

（c）

图6-19

（4）添加"渐变叠加"图层样式。双击图层"齿轮发光描边1"，调出"图层样式"窗口，添加一个"渐变叠加"图层样式，设置"混合模式"为"滤色"、"不透明度"为50%、渐变色条左右两端的色值分别为#ffde78和#ffae57、"角度"为0度，如图6-20（a）所示。单击"渐变叠加"右侧的⊞图标，添加一个参数完全相同的"渐变叠加"图层样式，这里建议将第二个"渐变叠加"图层样式的"不透明度"设置为100%。

添加一个"外发光"图层样式，设置"混合模式"为"线性减淡（添加）"、"不透明度"为20%、发光颜色为#fedb5d、"大小"为8像素，最终效果如图6-20（b）所示。

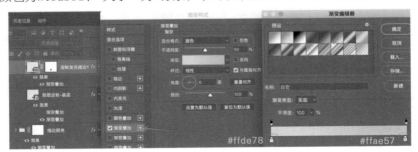

（a）

图6-20

（b）

图6-20（续）

（5）再添加一层齿轮的内部发光描边图层，以加强内部光照效果。使用和步骤（1）～步骤（3）类似的方法，绘制一层齿轮的内部发光描边图层，并重命名为"齿轮发光描边2"。它与第一层"齿轮发光描边1"的区别是，"齿轮发光描边2"要偏左一些，使得齿轮内部的左侧边缘多一些光照。想要做到这个效果，只需要在载入齿轮图标形状的选区后移动选区时，不要往上移动，而是使用→键往左多移动1～2次，其他绘制步骤不变，两者的区别如图6-21（a）所示。

（6）复制图层"齿轮发光描边1"的图层样式粘贴到图层"齿轮发光描边2"上，并将图层"齿轮发光描边2"的不透明度改为60%，最终效果如图6-21（b）所示。最后，为了方便管理图层，将"齿轮发光描边2"和"齿轮发光描边1"图层编组并重命名为"前层齿轮-内部发光描边"。

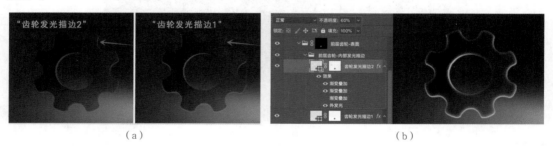

（a）　　　　　　　　　　　　　　　　　（b）

图6-21

3. 绘制齿轮的厚度

（1）选中"前层齿轮-基底"图层并按Ctrl+J组合键复制，将复制出的图层重命名为"齿轮厚度1"。设置该图层的"不透明度"为50%，并将其移动到编组图层"前层齿轮-表面"下，再往上和往右移动一段距离，以模拟厚度。按Ctrl+G组合键编组并重命名为"前层齿轮-厚度"，如图6-22（a）所示。

（2）复制"齿轮发光描边2"图层的图层样式，粘贴到新添加的"齿轮厚度1"图层上，并单击"外发光"图层样式左侧的眼睛图标 ，关闭"外发光"图层样式，将图层混合模式改为"滤色"。

（3）双击"齿轮厚度1"图层，调出"图层样式"窗口，仅更改渐变色条左端手柄的不透明度为40%，如图6-22（b）所示。

（4）按Ctrl+J组合键复制"齿轮厚度1"图层，重命名为"齿轮厚度2"，进一步往上和往右移动一段距离，以增加厚度。将"外发光"图层样式打开，如图6-22（c）所示。因为"前层齿轮-基底"的部分是透明的，所以齿轮厚度图层的颜色可以透过来，但这不是正确的效果，因此需要再次使用图层蒙版，使齿轮厚度只显示厚度。

（5）按住Ctrl键单击"前层齿轮-基底"图层，调出齿轮形状选区，然后按Ctrl+Shift+I组合键反转选区，切换选中编组图层"前层齿轮-厚度"，单击图层面板底部的"添加图层蒙版"按钮

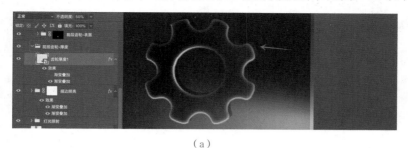，为该编组图层添加一个图层蒙版，这样就创建了正确的厚度效果，如图6-22（b）所示。

（a）

（b）

（c）

图6-22

4．绘制后面的一个齿轮

（1）用与绘制前层齿轮相似的步骤，依次绘制"后层齿轮-厚度""后层齿轮-内部发光描边""后层齿轮-基底"3个部分，组成后层齿轮，并移动到前层齿轮下面。后层齿轮和前层齿轮的区别有3点。

① "后层齿轮-基底"比"前层齿轮"多了一个"渐变叠加"图层样式，设置"混合模式"为"滤色"、"不透明度"为90%、渐变色条左右两端的色值分别为#ffdb5e和#ffac4b、左端色条手柄的不透明度为40%、"角度"为0度，如图6-23所示。

② "后层齿轮-厚度"编组图层需要移动到整个后层齿轮编组内的最上层，然后是"后层齿轮-内部发光描边"编组图层和"后层齿轮-基底"图层。

③ 需要将"后层齿轮-厚度""后层齿轮-内部发光描边""后层齿轮-基底"图层编组，并添加一个齿轮形状反转的选区，作为编组图层蒙版。

（2）将所有与齿轮相关的图层编组，并命名为"3 设置 选中"，参数设置和最终效果如图6-23所示。

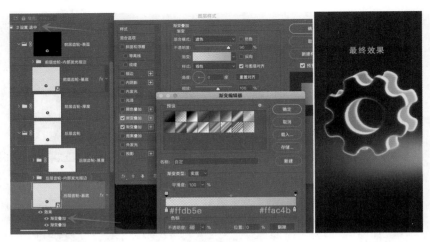

图6-23

5. 绘制后层齿轮透过前层齿轮显示的毛玻璃效果

（1）复制"后层齿轮"编组图层，转换为智能对象图层，添加一个"半径"为6像素的"高斯模糊"滤镜。然后将其编组，并重命名为"后层齿轮-毛玻璃模糊"。添加一个齿轮外形的图层蒙版，如图6-24（a）所示。

（2）复制两层"后层齿轮-内部发光描边"编组图层，并转换为智能对象图层，分别重命名为"后层齿轮-内部发光描边-加强1"和"后层齿轮-内部发光描边-加强2"。为两个编组图层都添加一个"半径"为2像素的"高斯模糊"滤镜，然后拖曳到"后层齿轮-毛玻璃模糊"编组中，位于"后层齿轮"智能对象图层之上，如图6-24（b）所示。参数设置和最终效果如图6-24所示。

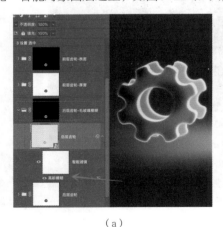

（a）

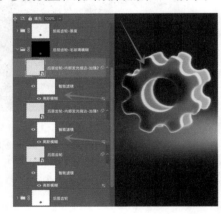

（b）

图6-24

至此，一个被选中的设置图标基本绘制完成。

6.2.3 绘制未被选中的日历图标

未被选中的日历图标的绘制步骤和最终完成的图层结构与选中样式的齿轮图标类似，只是在图层样式的参数上有所不同。与设置图标不同，日历图标的前后两个图标是不同样式的图标，分别是第6章实例1素材文件中的"前层日历图标.ai"和"后层日历图标.ai"。

1. 绘制前层日历图标的表面

（1）完成后的前层日历图标表面的图层结构和设置图标的前层齿轮图标表面类似，如图6-25

所示。它们的区别在于几个图层的"渐变叠加"图层
样式和"外发光"图层样式的参数不同，以及其内部
发光描边编组内又多了一个编组图层，为其添加了一
个从下到上、从明到暗的渐变图层蒙版，模拟被下面
的灯光从下往上照亮的效果。

（2）将"前层日历-基底"图层的"不透明度"
设置为50%，其"渐变叠加"图层样式的参数设置如
下："混合模式"为"正常"，"不透明度"为100%，
为渐变色条添加3个颜色手柄，从左至右色值分别为
#393d47、#495061和#646148，色条右端上方不透
明度手柄的"不透明度"为60%，渐变的"角度"
为−90度，如图6-26所示。

（3）"前层日历发光描边"图层的绘制方法与设
置图标相似，即将日历图标的形状提取为选区之后反

图6-25

转再略微偏移一些，作为其图层蒙版。尚不熟悉该操作的读者可以在6.2.2小节中查看具体操作方
法，这里不再赘述。"前层日历发光描边"图层的图层样式和设置图标的"齿轮发光描边1"图层的
图层样式相似，可直接复制图层样式粘贴过来使用，只是"前层日历发光描边"图层的发光效果整
体要再暗一些，所以需要将"前层日历发光描边"图层的"不透明度"设置为30%。

图6-26

（4）将内部发光描边图层和基底图层编组并重命名为"前层日历-表面"，添加一个以前层日
历图标形状为选区的图层蒙版。

2．绘制前层日历图标的厚度

（1）复制"前层日历-基底"图层，并重命名为"前层日历-厚度1 100%"，提高图层的"不
透明度"至100%。然后修改"渐变叠加"图层样式的参数如下：将渐变色条左右两端的色值分别
设置为#1d1f25和#686340，勾选"反转"复选框，将"角度"设置为90度，如图6-27所示。按→
和↑键各2～3次，使其日历图标表面偏离一段距离，以模拟厚度。

（2）按3次Ctrl+J组合键将"前层日历-厚度1 100%"图层复制3层，分别重命名为"前层日历-
厚度2 80%""前层日历-厚度3 50%""前层日历-厚度4 40%"，分别修改图层的不透明度为80%、
50%和40%。保持"渐变叠加"图层样式参数不变，将每个图层都往右和往上移动更多的距离，以
增加厚度。

（3）按Ctrl+G组合键将这4个图层编组并重命名为"前层日历-厚度"，然后提取"前层日
历-基底"图层的形状选区并反转，作为"前层日历-厚度"编组图层的图层蒙版，最终效果如
图6-27最右侧的预览所示。

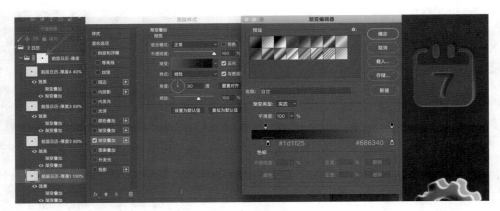

图6-27

3. 绘制后层日历图标的表面

（1）从第6章实例1素材文件夹中导入图片素材"后层日历图标.ai"，将生成的图层重命名为"后层日历-基底"。

（2）整个后层日历图标表面的绘制过程和编组图层结构基本上与"前层日历-表面"编组相同，如图6-28所示。唯一的区别是"后层日历-基底"图层的"渐变叠加"图层样式参数不同，需要将渐变色条左右两端的色值分别设置为#3c4252和#6b748c、不透明度均设置为100%，如图6-28所示。

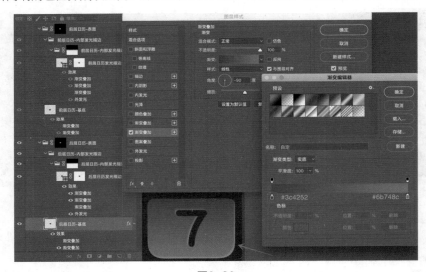

图6-28

"后层日历发光描边"图层的图层样式可以直接复制"前层日历发光描边"图层的图层样式粘贴过来。

4. 绘制后层日历图标的厚度

（1）以与绘制前层日历图标厚度相同的方法，制作后层日历图标的厚度效果，即复制"后层日历-基底"图层作为厚度图层，图层样式直接复制前层日历图标的厚度图层粘贴即可。

（2）后层图标只需要3层厚度图层，分别重命名为"后层日历-厚度1 100%""后层日历-厚度2 80%""后层日历-厚度3 60%"，图层不透明度分别为100%、80%和60%。

注意，后层日历图标的厚度编组图层是不需要图层蒙版的。另外，还要将"后层日历-表面"和"后层日历-厚度"图层编组并重命名为"后层日历图标"，然后为其添加一个图层蒙版，蒙版形状是提取前层日历图标形状后的选区并进行反转，最终效果如图6-29所示。

图6-29

5. 创建透过前层日历图标的磨砂玻璃效果

（1）选中"后层日历图标"编组图层，按Ctrl+J组合键复制，并转换为智能对象图层。添加一个"半径"为6像素的"高斯模糊"滤镜，然后将该智能对象图层编组并重命名为"后层日历-毛玻璃模糊"，注意图层顺序，该图层应在"后层日历图标"编组图层之上、"前层日历-厚度"编组图层之下。添加一个以"前层日历图标"为选区形状的图层蒙版，如图6-30（a）所示。

（2）从"后层日历图标"编组中找到"后层日历图标描边加强"图层，复制并转换为智能对象图层，拖曳到编组"后层日历-毛玻璃模糊"中。添加一个"半径"为4像素的高斯模糊滤镜，如图6-30（b）所示。

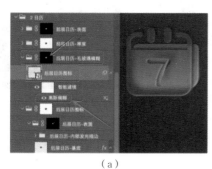

（a）　　　　　　　　　　　　　　　（b）

图6-30

6. 加强整体层次感

至此，整个未选中的日历图标基本绘制完成。但是在前、后两个图标的层次感、对比度上有点弱，可以增加一个整体阴影来加强。

（1）复制"前层日历-基底"图层，并重命名为"前后叠加阴影"，然后复制"后层日历-基底"图层的图层样式粘贴到该图层上。

（2）将"前后叠加阴影"图层转换为智能对象图层，设置图层不透明度为60%、混合模式为"正片叠底"，然后添加一个"半径"为20像素的"高斯模糊"滤镜。

（3）保持"前后叠加阴影"图层为选中状态，按Ctrl+G组合键编组并重命名为"前后叠加阴影组"，提取前层日历图标的形状为选区并进行反转，以作为这个"前后叠加阴影组"编组图层的图层蒙版，最终效果如图6-31所示。

（4）在图层最上方增加一个未选中状态的"群组"的图标，绘制方法与绘制日历图标基本相同，读者可以作为课后练习，最终效果如图6-32所示。

图6-31

图6-32

6.3 实例2：顶部导航栏展开菜单设计

本实例将绘制一个顶部导航栏的下拉菜单组件。顶部导航栏的图标都是两层结构，单击某个菜单图标，被单击的图标会像夹子一样夹住展开的下拉菜单卡片，以区分其他未被选中的菜单图标，最终完成效果如图6-33所示。这里借用了第5章实例1的页面作为网站背景页。

图6-33

资源位置

🖼 **实例位置** 实例文件>第6章>实例2：顶部导航栏展开菜单设计.psd

🎬 **视频名称** 视频文件>第6章>实例2：顶部导航栏展开菜单设计.mp4

⚙ 设计思路

（1）参考"6.2 实例1：用灯光照亮侧边导航栏"绘制磨砂玻璃质感的双层结构的菜单图标。

（2）当展开下拉菜单时，图标的前层和后层分别位于菜单组件卡片的上一层和下一层。

（3）作为相似材质的磨砂玻璃质感，同样为菜单组件卡片范围内的区域页面添加模糊效果。

6.3.1 绘制展开菜单 🔍

1. 打开作为网页背景的PSD工程文件

从第6章的素材文件夹中找到"实例2素材"文件夹，并从中找到"第6章 实例2 素材背景.psd"，双击在Photoshop中打开，然后按Ctrl+Shift+S组合键另存命名为"第6章 实例2"的

PSD文件，如图6-34所示。可以看到目前有3个图层，分别是已转换为智能对象的网页背景层，处于选中状态的Menu2和menu。

图6-34

2．绘制菜单展开后的背景

（1）选择圆角矩形工具，在工具属性栏中设置"填充"为任意颜色、"描边"为无、圆角的"半径"为20像素，然后单击画面任意位置弹出"创建矩形"对话框，绘制一个宽度为640像素、高度为400像素的圆角矩形，将生成的图层重命名为"展开菜单背景"，摆放位置如图6-35所示。注意该图层在Menu2菜单字符图层之下。

图6-35

（2）将"展开菜单背景"图层的"不透明度"设置为50%，图层"填充"值改为0%。双击"展开菜单背景"图打开"图层样式"窗口，勾选"渐变叠加"图层样式，将渐变色条左右两端的色值分别设置为#f1f2ff和#ffffff，并将右端颜色的不透明度值改为50%，选中色条右端上方的手柄，如图6-36所示。

3．创建菜单背景的磨砂玻璃效果

（1）选中底部的"网页背景"图层，按Ctrl+J组合键复制，然后按Ctrl+G组合键编组，并重命名为"菜单背景-磨砂玻璃效果"，如图6-37（a）所示。

（2）按A键切换到直接选择工具，再选中矩形矢量形状图层"展开菜单背景"，单击画布上的圆角矩形形状（单击矩形范围内的任意位置均可），按Ctrl+C组合键复制。再回到编组图层"菜单背景-磨砂玻璃效果"中，按Ctrl+V组合键将复制的矢量形状粘贴为编组图层的矢量形状蒙版，如图6-37（b）所示。

（3）选中编组图层"菜单背景-磨砂玻璃效果"内的智能对象图层"网页背景 复制"，为其添加一个"半径"为20像素的"高斯模糊"滤镜，如图6-38（a）所示。

图6-36

（a）　　　　　　　　　　　　　　　　　（b）

图6-37

（4）按T键切换到横排文字工具，添加3组文本，将字体颜色设置为#17191f，字体大小和粗细样式如图6-38（b）所示。然后分别打包编组，依次重命名为"次级菜单1"" 次级菜单2"" 次级菜单3"，如图6-38（b）所示。

（5）使用矩形工具或者直线工具，绘制一条粗细为1像素、宽度稍小于菜单背景宽度的直线，以作为菜单项之间的分割线，将颜色设置为#17191f，如图6-38（b）所示。

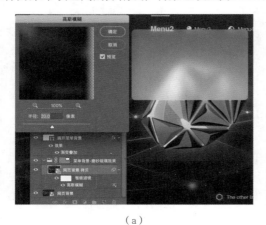

（a）　　　　　　　　　　　　　　　　　（b）

图6-38

4．添加菜单图标

（1）从"实例2素材"文件夹中找到3个图标ai素材："次级菜单图标1.ai"" 次级菜单图标2.ai""次级菜单图标3.ai"。将它们拖入当前的PSD文件中，并摆放到菜单文字左侧，位置如图6-39所示。

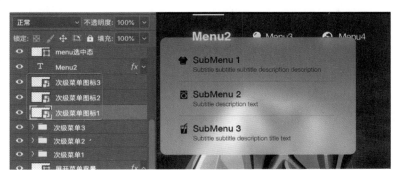

图6-39

（2）为"次级菜单图标3"图层添加一个"渐变叠加"图层样式，设置"混合模式"为"正常"、"不透明度"为100%、渐变色条左右两端的色值均为#181925，色条右端颜色的"不透明度"为60%、"角度"为65度，如图6-40（a）所示（数字标号1）。

（3）为"次级菜单图标3"图层添加一个"投影"图层样式，设置投影颜色为#000000、"混合模式"为"正片叠底"、"不透明度"为24%、"角度"为120度、"距离"为3像素、"大小"为12像素，如图6-40（b）所示（数字标号2）。

（4）为"次级菜单图标3"图层添加一个"内阴影"图层样式，设置投影颜色为#ffffff、"混合模式"为"变亮"、"不透明度"为12%、"角度"为45度、"距离"为6像素、"大小"为12像素，如图6-40（c）所示（数字标号3）。

（5）复制"次级菜单图标3"的图层样式，并粘贴到其他两个图标上，最终效果如图6-40所示。

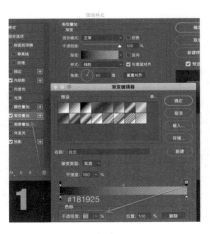

（a）

（b）

图6-40

（c）

图6-40（续）

6.3.2 绘制被选中的双层菜单图标的前层

1. 导入图标素材

从"实例2素材"文件夹中找到"menu2 icon.ai"素材并拖入当前PSD工程文件中，位置摆放如图6-41所示。然后将图层的"填充"改为0%。

2. 添加图层样式

为"menu2 icon"依次添加"渐变叠加""投影""内阴影"3个图层样式，并分别设置它们的参数。

（1）设置"渐变叠加"图层样式的"混合模式"为"正常"，"不透明度"为100%，渐变色条左右两端的色值均为#f1f2ff，渐变色条右端颜色的"不透明度"为75%，"角度"为65度，如图6-41（a）所示（数字标号1）。

（2）设置"投影"图层样式的投影颜色为#000000，"混合模式"为"正片叠底"，"不透明度"为24%，"角度"为120度，"距离"为3像素，"大小"为12像素，如图6-41（b）所示（数字标号2）。

（3）设置"内阴影"图层样式的投影颜色为#ffffff，"混合模式"为"变亮"，"不透明度"为75%，"角度"为45度，"距离"为6像素，"大小"为12像素，如图6-41（c）所示（数字标号3）。最终效果如图6-41（d）所示。

至此，被选中图标的前层绘制完毕。接下来绘制位于展开菜单面板后面的后层图标。

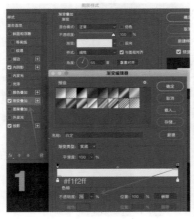  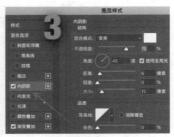

（a）　　　　　　　　　　　　（b）　　　　　　　　　　　　（c）

图6-41

（d）

图6-41（续）

6.3.3 绘制被选中的菜单图标的后层

1. 复制选中菜单图标并更改位置

选中上一步导入的被选中菜单图标"menu2 icon"图层，按Ctrl+J组合键复制并重命名为"menu2 icon-后层 磨砂效果"，将复制出的图标往右上角拖曳一段距离，如图6-42所示。

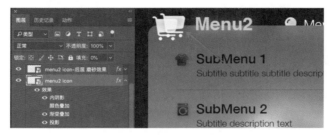

图6-42

2. 更改图层样式

双击"menu2 icon-后层 磨砂效果"图层，打开"图层样式"窗口，取消勾选"内阴影"和"投影"这两个图层样式。设置"渐变叠加"图层样式的渐变色条左右两端的色值分别为ff7f52和ffd145，不透明度全部为100%，"角度"为126度，如图6-43所示。

图6-43

3. 添加图层蒙版

（1）按Ctrl+G组合键将"menu2 icon-后层 磨砂效果"编组，并重命名为"图标磨砂效果"，如图6-44所示。

（2）按住Ctrl键单击作为被选中图标的前层"menu2 icon"图层（注意是前层），提取该图标形状作为选区；然后选中"图标磨砂效果"编组图层，单击图层面板底部的"添加图层蒙版"按钮，为编组图层"图标磨砂效果"添加一个以被选中菜单的前层图标为形状区域的图层蒙版，如图6-44（a）所示。注意，这里图层蒙版尚未完成，还需手动修改。

（3）在图层面板中单击图层蒙版，进入图层蒙版的绘制模式，如图6-44（b）中的蓝色箭头2所示。

（4）切换到矩形选框工具■，按图6-44所示的位置和大小绘制一个矩形选区，注意选区上边缘齐平菜单面板上边缘，在工具栏中将前景色设置为#000000，按Alt+Delete组合键在选区内填充前景色，也就是黑色，在图层蒙版中，黑色代表"不显示"，所以现在图层蒙版显示范围变小了，如图6-44所示。

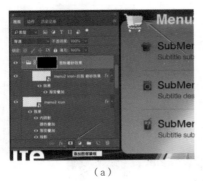
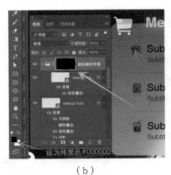

（a）　　　　　　　　　　　　　　　　　（b）

图6-44

4．添加模糊效果

将添加了图层蒙版后的编组图层"图标磨砂效果"转换为智能对象图层，然后为其添加"半径"为4像素的"高斯模糊"滤镜，如图6-45所示。

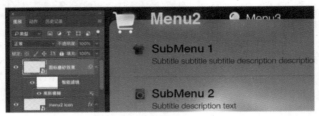

图6-45

5．增加位于展开菜单面板后的后层图标

目前只是绘制了后层图标透过前层图标显示出来的磨砂玻璃效果。接下来绘制位于菜单面板之后的真正的后层图标。

（1）双击智能对象图层"图标磨砂效果"进入，即打开智能对象图层"图层磨砂效果.psd"（图6-46（a）中红色箭头处所指处，选项卡切换到该智能对象"图层磨砂效果.psd"），然后选中编组内的"menu2icon-后层 磨砂效果"，按Ctrl+C组合键复制，如图6-46（b）所示。按Ctrl+S组合键保存对当前智能对象图层的修改。

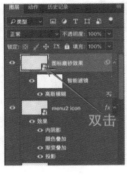

（a）　　　　　　　　　　　　　　　　　（b）

图6-46

（2）回到当前的PSD工程文件"第6章 实例2"中，双击底部的网页背景智能对象图层"网页背景"进入，按Ctrl+V组合键粘贴刚才复制的"menu2 icon-后层 磨砂效果"图层，并移动到合适的位置，如图6-47（a）所示。

（3）继续停留在当前的智能对象图层"网页背景"中，双击刚才粘贴的"menu2 icon-后层 磨砂效果"图层，打开"图层样式"窗口，勾选"外发光"图层样式，设置"混合模式"为"线性减淡（添加）"、"不透明度"为15%、发光颜色为#ffdc51、"大小"为60像素，如图6-47（a）所示。

按Ctrl+S组合键保存对当前智能对象图层的修改。现在的效果如图6-47（b）所示。

（a）

（b）

图6-47

6. 微调图标效果

（1）选中图层"图标磨砂效果"，将图层的"不透明度"改为70%。

（2）选中图层"menu2 icon"，将图层的"填充"改为75%，最终效果如图6-48所示。

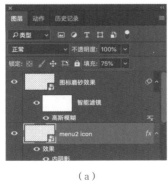

（a）　　　　　　　　　　　　　（b）

图6-48

6.4　拓展训练：制作圆形导航菜单

本实例作为综合实例，设计绘制了一个非常规的圆形导航菜单，使用类似拨盘的交互体验来切换主菜单，如图6-49所示。当拨动导航圆盘时，左侧的页面会随之滚动。

本实例的设计重点在于一个比较创新的导航形态，在切换选中不同的菜单时，蓝色的选中条会随之旋转、移动到对应的菜单文字上，如图6-50所示。

图6-49　　　　　　　　　　　　　　　　　　图6-50

此外，导航菜单可以随着所展示页面的题材主题与视觉风格的不同，切换不同视觉表现形式的菜单组件。如图6-49所示，设计的网页主题是类似旅行风景的内容展示，菜单表盘设计采用了较为放松、轻盈的浅色视觉风格。网页主题内容为展示电子科技类产品时，可以使用深色的主题视觉，以及带有光线视觉元素的电子科技风格的表盘。如果是展示宇宙星空科普知识的科学网站，则这个菜单圆盘正好可以设计成模拟恒星系或者土星星环的样式。

📁 **资源位置**

🖼 **实例位置**　实例文件>第6章>拓展训练：制作圆形导航菜单.psd

📀 **视频名称**　视频文件>第6章>拓展训练：制作圆形导航菜单.mp4

☢ **图片素材**　图片素材>第6章>拓展训练：制作圆形导航菜单

⚙ **设计思路**

本实例中设计的网页由两部分组成：一部分是左侧的图文结合的内容流，另一部分是右侧的圆盘菜单组件。

（1）左侧的图文结合的内容流比较简单，但要求绘制的网格是完全整齐一致的。这里可以借用固定大小选区和参考线工具。

首先要在"视图"菜单中勾选"对齐"，这样拖曳参考线时，参考线会自动吸附对齐到选区的边界。然后设定一个固定大小的选区，如设定宽度为480像素、高度为360像素。选择选取工具后，在画面中任意位置单击生成一个选区，就可以看到生成的选区是固定大小的。

将选区移动到画面左上角后，分别从上往下和从左往右拖出两条参考线分别对齐到画面上选区的下边缘和右边缘。按照这种方法，用5条参考线生成一个2×4的网格，如图6-51所示（因为网格超出画面了，所以这里看起来纵向是3个半）。

图6-51

（2）生成网格之后，可以依次插入图片素材和两组文字。这里为了保持每组图片元素的大小完全一致，可以为素材图片图层添加宽高分别为480像素、360像素的蒙版（图层蒙版或者矢量蒙版）。

（3）绘制表盘主体。这里使用的方法是先绘制一个正圆形的矢量形状，然后使用暗色和亮色两层内阴影来分别创建一上一下的凹凸立体效果。这部分可以参考第3章的实例1中关于表盘类组件的绘制过程详解。

（4）蓝色选中条的外形是一个圆角弧形，如果直接用钢笔绘制会比较麻烦。另一种比较快捷的方法是使用钢笔工具绘制一条矢量曲线，注意不要闭合，然后将端点形状设置为圆头、"填充"设置为无、描边粗细设置为一个比较大的值，本实例设置为12像素，这样就快速创建出一段两头圆角形状完全对称的圆角弧形，如图6-52所示。创建完成外形之后，可以依次使用内阴影、渐变叠加、投影等图层样式来绘制视觉样式。

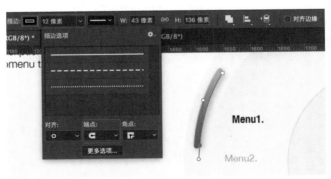

图6-52

第 **7** 章

综合案例：设计网站欢迎页

本实例将绘制一个网站欢迎页。欢迎页通常用于产品、公司、组织的官方网站在用户第一次进入时呈现，需要给用户留下深刻的印象，依赖强大的视觉冲击力营造强烈的视觉体验，因此通常使用较大的主视觉元素和主标题。本实例将卡通风格的文字加以图形化处理，使欢迎词本身成了主视觉元素，最终效果如图7-1所示。

图7-1

> **📁 资源位置**
>
> 🖼 实例位置　实例文件>第7章>综合案例：设计网站欢迎页.psd
>
> 📦 视频名称　视频文件>第7章>综合案例：设计网站欢迎页.mp4

⚙ 设计思路

（1）使用文字工具用卡通字体输入主标题文字Welcome，也就是主视觉元素。

（2）将文字转换为形状路径，并使用钢笔工具稍加修改，使之更加圆润。

（3）在变成形状路径后的文字上添加多种图层样式和滤镜，绘制最终的立体效果。

微课

实例

7.1 添加文字并转换为形状

7.1.1 新建文档 🔍

打开Photoshop，按Ctrl+N组合键新建一个空白文档，将"宽度"设置为1920、"高度"设置为1080，单位为像素。双击背景图层，将其转换为普通图层，并命名为"底层背景"。

7.1.2 添加并编辑文字 🔍

在字符面板中将字体大小设置为300像素，单击"全部大写字母"按钮**TT**，将输入的英文字母强制设置为大写，在画布上添加一个"HELLO"的文字图层。将字体大小缩小到210像素，在画布上添加一个"WELCOME"的文字图层，如图7-2所示。这里使用的卡通字体样式是"方正胖头鱼简体"，读者也可以选择自己喜欢的卡通字体样式。文字颜色可以设置为任意颜色，因为后面会通过图层样式来重新设定字体的颜色和样式。

图7-2

7.1.3 将文字转换为形状

（1）分别用鼠标右键单击刚才生成的welcome文字图层，在弹出的菜单中选择"转换为形状"选项，将这两个文字图层"HELLO"和"WELCOME"转换为形状，如图7-3所示。

图7-3

（2）目前每一个字母虽然都是独立的形状路径，但是仍然都在一个图层上，为了方便后期为各个字母添加独立的立体叠加效果，需要将每个字母形状路径做成独立的矢量形状图层。选择直接选择工具，此时如果发现每个字母形状都被选中了（路径选中的样式即每个路径节点方块均是实心的），那么可以用直接选择工具在画布空白处单击，取消选中。此时单击某个字母的任意位置（以字母H为例），便可选中这个字母的整个矢量路径形状。按Ctrl+Shift+J组合键，可以看到字母H被独立分割出来，生成一个新的矢量形状图层，如图7-4所示。

图7-4

　　使用与上一步骤相同的方法，把每个字母都做成独立的矢量形状图层，并做好重命名和编组工作，分成"Hello"和"Welcome"两个编组。然后把每个字母都移动一点距离，使它们互相靠近，最终效果如图7-5所示。

图7-5

7.2　创建文字立体效果

　　接下来以"Hello"编组的H、E和"Welcome"编组的W、E四个字母为例，添加图层样式、阴影和滤镜等效果，并为其绘制高光和互相叠加产生的阴影，以创建立体效果。其余文字可以使用相同的方法创建立体效果。

7.2.1　添加图层样式

　　（1）添加渐变样式。双击字母H所在图层，调出"图层样式"窗口，添加"渐变叠加"图层样式，设置渐变色条左右两端的色值分别为#f2ff64和#ff961b、"角度"为−108度，如图7-6所示。

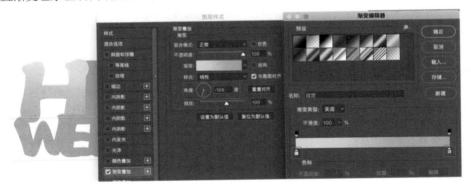

图7-6

　　（2）添加内阴影，丰富厚度效果。勾选"内阴影"图层样式，单击其右侧的■图标，连续添加3个"内阴影"图层样式，从下到上参数设置参考如下。

　　最下面的第一组内阴影，"混合模式"为"正片叠底"，"不透明度"为30%，"角度"为−162度，"距离"为20像素，"大小"为48像素。

最下面的第二组内阴影，"不透明度"为15%，"角度"为104度，"距离"为12像素，"大小"为20像素。

最下面的第三组内阴影，"不透明度"为12%，"角度"为103度，"距离"为6像素，"大小"为8像素。

最上面的第一组内阴影，"不透明度"为10%，"角度"为10度，"距离"为6像素，"大小"为12像素。最终效果如图7-7所示。

图7-7

7.2.2 为文字添加噪点效果

（1）单击图层面板底部的"创建新图层"按钮，在字母H的图层上添加一个新图层，按D键将前景色重置为黑色，然后按Alt+Delete组合键将整个图层填充为黑色，如图7-8（a）所示。

（2）将其转换为智能对象图层，如图7-8（b）所示。

（3）执行"滤镜 > 杂色 > 添加杂色"命令，添加一个"智能"滤镜，然后将"数量"设置为70、"分布"设置为"高斯分布"。

（4）将添加了杂色滤镜的智能对象图层的混合模式设置为"滤色"，图层"不透明度"设置为40%，如图7-8（d）所示。

（5）添加渐变、发光等图层样式。双击图层"齿轮发光描边1"，调出"图层样式"窗口，添加一个"渐变叠加"图层样式，设置"混合模式"为"滤色"、"不透明度"为50%、渐变色条左右两端的色值分别为#ffde78和#ffae57、"角度"为0度，如图7-9（a）所示。单击"渐变叠加"右侧的图标再添加一个参数完全相同的"渐变叠加"图层样式，这里建议将第二个复制的"渐变叠加"图层样式的"不透明度"设为100%。再添加一个"外发光"图层样式，设置"混合模式"为"线性减淡（添加）"、"不透明度"为20%、发光颜色为#fedb5d、"大小"为8像素，最终效果如图7-9（b）所示。

（a）

（b）

（c）

（d）

（e）

（f）

图7-8

（a）

（b）

图7-9

7.2.3 为"杂色"图层创建蒙版

目前来看，字母上的杂色还是太平均了。接下来，可以通过图层蒙版创建出"字母边缘杂色更少更微弱，而中间杂色更明显"的效果。

（1）选中刚才添加了杂色滤镜的智能对象图层"图层1"，按Ctrl+G组合键编组，并重命名为"杂色"。

（2）提取字母H的外形生成选区。按住Ctrl键，单击图层"H"，创建以H为外形的选区，如图7-10（a）所示。

（3）缩小选区。执行"选择>修改>收缩"命令，将选区沿着选区边缘向内缩小10像素，如图7-10（b）所示。

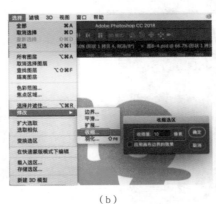

（a）　　　　　　　　　　　　　　　　（b）

图7-10

（4）羽化选区边缘。再次执行"选择>修改>羽化"命令，将羽化半径设置为10像素，如图7-11（a）所示。

（5）创建图层蒙版。保持选中"杂色"编组图层，单击图层面板底部的"添加图层蒙版"按钮，可以看到生成了一个边缘羽化模糊的图层蒙版，杂色效果越靠近字母H的边缘越弱，直至消失，如图7-11（b）所示。

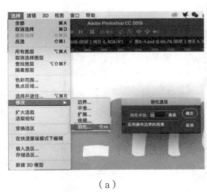
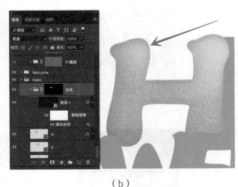

（a）　　　　　　　　　　　　　　　　（b）

图7-11

（6）将H图层和"杂色"图层编组，并创建矢量形状蒙版。

① 把矢量形状图层字母H和"杂色"编组图层编组，并重命名为"H字母"。

② 使用路径选择工具选中字母H的矢量形状，按Ctrl+C组合键复制；再切换选中"H字母"编组图层，按Ctrl+V组合键粘贴刚才复制的矢量形状，生成矢量蒙版，如图7-12所示。

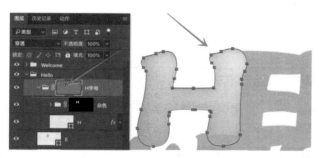

图7-12

7.2.4　添加投影

（1）字母H的阴影是出现在下一个字母E的形状区域内的，所以先将字母E图层编组并创建一个以字母E为形状的矢量蒙版。切换选中E图层，按Ctrl+G组合键编组，并重命名为"E字母"。

（2）使用路径选择工具选中字母E的矢量形状并按Ctrl+C组合键复制；再切换选中编组图层"E字母"，按Ctrl+V组合键粘贴，生成矢量蒙版，如图7-13所示。

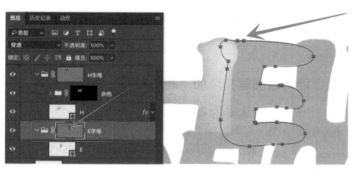

图7-13

（3）返回"H字母"编组图层内，切换选中图层"H"，按Ctrl+J组合键复制一层新的字母H，并重命名为"H阴影"。

（4）保持选中"H阴影"图层，单击鼠标右键，在弹出的菜单中选择"清除图层样式"选项，删除所有的原有图层样式；再双击该图层弹出"图层样式"窗口，勾选"投影"图层样式，设置"混合模式"为"正片叠底"、投影颜色为#d87000、"不透明度"为30%、"角度"为-162度、"距离"为10像素、"大小"为30像素，如图7-14所示。

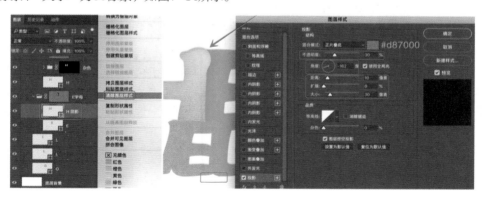

图7-14

7.3 绘制立体字母上的高光

7.3.1 使用钢笔工具绘制高光形状

选中"H字母"编组图层，使用钢笔工具在字母H上绘制形状如图7-15所示的3个高光，分别重命名为"高光1""高光2""高光3"，将图层混合模式设置为"滤色"。

图7-15

7.3.2 转换为智能对象图层并添加"高斯模糊"滤镜

（1）将3个高光图层全部转换为智能对象图层。

（2）为每个高光智能对象图层都添加一个"高斯模糊"滤镜。"高光1"的模糊半径为5像素，"高光2"的模糊半径为4像素，"高光3"的模糊半径为5像素，最终效果如图7-16所示。

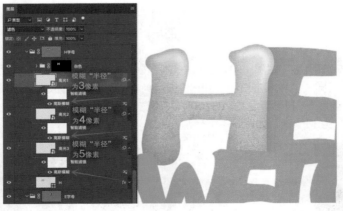

图7-16

（3）至此，一个字母的效果基本绘制完成。其他字母基本都是按照这个步骤来绘制，这里不再赘述。特别需要注意，有些字母绘制完是可以重复用的。例如，字母E有3个，字母L有3个，字母O有2个，这里可以节省一些工夫。最终效果如图7-17所示。

图7-17

7.4 绘制阴影

目前还需要创建Welcome和Hello两个单词编组整体的叠加阴影效果。

7.4.1 转换为智能对象图层

选中"Welcome"编组图层，按Ctrl+J组合键复制，并重命名为"Welcome 阴影"。将复制出的"Welcome 阴影"编组转化为智能对象图层，在图层面板上将该图层拖曳到"Welcome"编组图层顺序之下，将该图层的"填充"改为0%，如图7-18所示。

7.4.2 添加"投影"图层样式

双击"Welcome 阴影"编组图层弹出"图层样式"窗口，勾选"投影"图层样式，设置"混合模式"为"正片叠底"、投影颜色为#d87000、"不透明度"为30%、"角度"为-90度、"距离"为3像素、"大小"为10像素，如图7-18所示。

图7-18

为了进一步丰富投影的层次效果，可以再添加一个"投影"图层样式，设置"混合模式"为"正片叠底"、投影颜色为#d87000、"不透明度"为30%、"角度"为-90度、"距离"为4像素、"大小"为30像素，最终效果如图7-19所示。

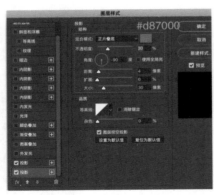

图7-19

7.4.3 设置阴影显示范围

接下来需要将Welcome的阴影效果限制为仅在"Hello"编组图层的形状范围内。实现这一目的的方法不止一种，最常用的是添加图层蒙版。这里介绍一种之前实例没有用过但步骤较简单的方法。

（1）选中"Welcome阴影"图层，将鼠标指针移动到图层面板中"Welcome阴影"编组图层和"Hello"编组图层之间交接线的位置，可以看到鼠标指针的形状变成了，如图7-20所示。

（2）按住Alt键单击即可看到阴影效果只出现在Hello编组图层的形状范围内，并且"Welcome阴影"图层左侧出现了一个直角箭头图标。这个操作是自动将下一个图层作为当前被选中图层的蒙版，如图7-21所示。

图7-20

图7-21

7.5 添加辅助文字和按钮

最后为整个网页添加一些辅助文字和按钮。

7.5.1 添加副标题文字

选择文字工具，在字符面板中设置字体为细体字（作者使用的是方正细黑）、字体大小为60点、字体颜色为#000000，在画布上单击添加第一个文字图层并输入文本"Hi，welcome to

「Product Name」"，放置在主标题HELLO WELCOME下方，如图7-22所示。

Hi, welcome to 「Product Name」

图7-22

7.5.2　添加跳转按钮

（1）继续使用文字工具，在字符面板中设置字体为30点、字体颜色为#ffbc09，在画布上单击添加第二个文字图层并输入文本"Skip to home page 6S"，如图7-23（a）所示。

（2）拖曳鼠标框选6S两个字，在字符面板上将字体改为粗体字，大小不变，如图7-23（b）所示。

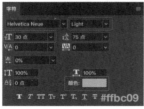

（a）

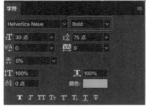

（b）

图7-23

（3）使用椭圆工具和钢笔工具，设置绘制模式为"形状"、"填充"为无、"描边"颜色和文本一样为#ffbc09、描边粗细为2像素，绘制一个正圆形和向右的箭头形状，组成跳转按钮，如图7-24所示。

图7-24

7.5.3 添加分割线

选择直线工具，设置"描边"颜色为#000000、描边粗细为1像素，在副标题和跳转按钮之间绘制一条长线作为分割线，然后将分割线图层的"不透明度"改为10%，如图7-25所示。

图7-25

至此，整个欢迎网页基本绘制完成。最终效果如图7-26所示。

图7-26